园境 ——中国城市规划设计研究院 园林景观规划设计实践

LANDSCAPE POETRY
——China Academy of Urban Planning and Design Landscape Practice

王忠杰　韩炳越　马浩然　　　主　编

牛铜钢　刘　华　辛泊雨　吴　雯　副主编

中国建筑工业出版社

图书在版编目（CIP）数据

园境——中国城市规划设计研究院园林景观规划设计
实践＝ Landscape Poetry——China Academy of Urban
Planning and Design Landscape Practice/ 王忠杰等
主编．—北京：中国建筑工业出版社，2021.2
　　ISBN 978-7-112-25954-0

　　Ⅰ．①园⋯　Ⅱ．①王⋯　Ⅲ．①城市－园林设计－景观
设计－中国　Ⅳ．① TU986.2

　　中国版本图书馆 CIP 数据核字（2021）第 040305 号

责任编辑：吴　绫
文字编辑：吴人杰
责任校对：李美娜

　　本书主要展示了中国城市规划设计研究院风景园林分院近 10 年间在全国有影响力的建设作品，通过对 19 个建成案例的深度剖析与展示，探讨风景园林行业发展的新趋势、新理念、新方法。19 个项目类型涵盖了大型城市公园、城市双修与城市更新、文化景观、生态建设、道路景观等诸多行业发展主流领域。每个案例均从设计者的角度出发，深度解析项目背景条件，生动阐述总体理念并详尽展示设计策略。为方便读者更全面地解读案例，附有大量研究、分析类图纸与建成照片。本书可供城乡规划及风景园林规划设计的从业者参考。

园境——中国城市规划设计研究院园林景观规划设计实践
LANDSCAPE POETRY
——China Academy of Urban Planning and Design Landscape Practice
王忠杰　韩炳越　马浩然　　　主　编
牛铜钢　刘　华　辛泊雨　吴　雯　副主编
＊
中国建筑工业出版社出版、发行（北京海淀三里河路 9 号）
各地新华书店、建筑书店经销
北京方舟正佳图文设计有限公司制版
北京富诚彩色印刷有限公司印刷
＊
开本：965 毫米 ×1270 毫米　1/16　印张：20¾　字数：591 千字
2021 年 5 月第一版　2021 年 5 月第一次印刷
定价：**238.00** 元
ISBN 978-7-112-25954-0
　　（37146）

党的十八大以来，以习近平同志为核心的党中央，站在中华民族永续发展的高度，大力倡导生态文明建设，积极回应人民群众对美好生活的需要，提出建设美丽中国的目标。在漫长的人类文明发展史中，"寄情于山水""田园般地诗意生活"一直被视为人类生活的理想境界。在生态文明新时代，从大地景观到老百姓生活的各类住区，风景园林建设承担着"平衡人类与自然的关系、实现国土绿水青山、建设美丽中国、创造优质生态产品、满足美好生活需求"的任务，是实现中华民族的伟大复兴和美丽中国梦重要路径。

本书是我院风景院团队十多年来的风景园林规划设计工程实践案例，内容既有大尺度的河流生态修复，中尺度的郊野公园、城市公园，也有小尺度的社区公园、小微绿地、街道景观等，内容丰富精彩。尤其是在重庆中央公园、月亮湖公园、南苑森林湿地公园、副中心生态绿心公园等大型绿色开放空间实践中，初步形成了"城园融合、绿色先行，生态设计、自然做功，以文化境、以景寓情，人本设计、场景营造"等系列规划设计理论，也探索

了一整套从"策划—规划—设计—施工"全流程的"知行合一"规划设计方法。这些生动的案例对推进美丽中国建设，提升文化自信，满足人民群众对美好生活的向往都是积极有益的尝试。

经过改革开放 40 年的快速发展，我国的经济、社会发展和城市建设已经到了转型阶段，城市建设更加注重从人的需求出发来确定城市的发展内容和主要目标。多年前两院院士吴良镛先生创造性地提出了人居环境科学理论，强调建筑、规划和风景园林要融合在一起，实现以人为本的目标。同时希望"风景园林应该在满足景观生态功能的同时不断追求文化境界，不断丰富内涵拓展外延，积极介入到城市规划建设的各个环节……"这些论述都对风景园林的进一步发展指明了方向。

希望风景院团队进一步开拓视野，强化多专业融合，累积更多实践经验，呈现更多优秀作品，早日形成具有中国特色的风景园林规划设计理论与方法、独具特色的风景园林规划设计风格，为美丽中国的建设作出更大的贡献。

王凯

2021 年 4 月 9 日

序二

党的十九大报告指出，中国特色社会主义进入新时代，我国社会的主要矛盾已经转化为人民日益增长的美好生活需要和不平衡不充分的发展之间的矛盾。当前中国城镇化发展阶段正处于快速发展向高质量发展的历史转型时期，人民对美好生活充满向往，在新时代如何满足人民对幸福生活最基本的诉求？我认为，提供良好的生态环境是我们园林人对城市绿色发展和人民幸福生活最大的贡献。

中规院风景院致力于改善人民生活品质、助推城市绿色发展，经过近十年实施类项目的积累与感悟，汇集成了《园境》一书。全书立足于三大类、十九个园林景观实践项目，对新时代园林绿地建设进行了深入的思考与总结，体现了风景院响应国家号召，践行生态文明所做出的探索和努力。

中规院风景园林实践具有三个方面的社会价值与生态价值：

首先，践行生态文明，引领城市绿色发展。顺应国家发展形势，开展城市蓝绿空间规划和研究，探索生物多样性的生态设计和各类城市生境空间的生态修复措施。针对不同城市不同的"生态病""城市病"，把脉问诊，提出具体的生态规划策略，让城市健康有序的发展。

其次，坚持以人民为中心，促进城市有机更新。以人的视角感知生活，改造城市绿地空间，实施城市生态修复和功能完善工程。重整自然生境、重塑空间场所、重铸文化认同、重振经济活力，让我们的城市有温度，让生活在城市里的人民更幸福。

最后，坚持新发展理念，推进城市高质量发展。风景院贯彻"规划—设计—实施"全过程服务，在这个过程中探索出城市高质量发展从宏观到微观的规划理念与具体措施。宏观层次，以绿为底，夯实城市生态基础，重塑自然和谐的城市空间格局；中观层次，以园为纲，构建城市空间格局，统领城市空间格局的形态、秩序、节奏和特色，绿色先行，引领城市高质量发展；微观层次，以文为魂，彰显城市多元风采，将公园作为承载城市多元服务功能、展示城市文化的空间载体。

以上这些探索，都在本书中可以找到具体实践，对于新时代园林绿地的发展和实践探索具有启发性。希望风景院团队继续积累总结，持续呈现高质量的园林绿地景观设计作品，探索创新的园林科学发展之路，为实现中国梦凝聚力量。

2021 年 4 月 12 日

前言

在生态文明思想的总体指导下，我国的风景园林事业进入了全面发展期，各风景园林规划设计单位积极开展了丰富的研究和工作实践。中国城市规划设计研究院风景园林和景观研究分院（以下简称风景院）在总院的统一部署下全面开展风景园林专业的研究、咨询、规划和设计工作。园林绿地景观设计作为风景院的重要业务方向之一，始终秉承"高质量、做精品、树品牌"的原则开展工作，在规划设计中坚持"以规划的思想做设计"的理念方法，注重"对上位、准方向、谋全局、细施策、精细节"的设计思路，历经数十年持之以恒的规划设计工作，完成了一批高质量的园林绿地景观设计项目。本书精选出 19 个优秀的建成作品，进行呈现与展示。

20 世纪八九十年代，风景院老一辈设计师兢兢业业、认真细致地设计实施了多个园林景观绿地设计作品，主要包括承德武烈河滨水绿带、黑龙江药物园、山西晋城泽州公园等，为世人留下了精美的建成作品。

自 2008 年以来，风景院园林景观绿地设计工作开始蓬勃发展。北川新县城是"5·12"汶川大地震后唯一一个整体异地重建的县城，整体城市依河而建，滨河绿地顺河而展，与城市空间交互融合，形成了蓝绿交融的公共开放空间和绿地空间系统。风景院承担了永昌河、安昌河景观带的规划设计，参与了概念方案设计、详细方案设计、初步设计、施工图设计、驻场设计指导等全流程的服务工作。历经两年多精益求精的持续建设工作，切实做到了将方案落实到实施，呈现出了集生态、文化、景观、功能等于一体的河道景观，为北川人留下了历史记忆、留下了地域乡愁。历经数年的生长，北川永昌河、安昌河景观带效果良好，河水清流、林木青翠、鸟语花香、百姓乐游，人性化的设计体现了对北川人民的关爱，让北川人们感受到了党和政府的关心与温暖。

完成北川的工作后，大家转战到重庆，开始了重庆中央公园的设计工作，又一次面临新的挑战。重庆中央公园处于低山丘陵起伏的地貌之中，是国家级新区两江新区核心区的生态地标，是带动新区建设和发展的绿色引擎，区域地貌独特、地位重要，公园的整体风貌形象成为核心难题。通过深入的调查研究，从重庆的历史、社会、人文，特别是市民对公园的期盼和对公园形象、内容、功能的需要进行了深入分析，明确了公园的设计方向。深入现场、驻场设计，随时在现场对接实际情况，优化设计图纸，保障落地实施，在调研中项目组成员也遭受了被流浪狗攻击咬腿的不幸。经过精心设计，历经两年的建设，一处大树浓荫、绿草匝地、设施齐全，可以满足市民休闲、游憩、运动、亲子等功能的大型城市公园展现在世人面前。其旷奥有度的空间布局、自然生动的山水关系、地域乡土的植物群落、巧妙构思的功能设施充分回应和满足了市民对中央公园的期望。根据当时的实际情况，新区整体建设和人口形成规模尚有时日，采取弹性留白的方式，在设计中预留了设施空间，包括一些功能建筑、活动设施。随着社会的发展，在建成六年后的 2019 年，因于市民对于公园的功能需要，对设施进行了更新与补充，包括儿童活动场地、茶室、售卖设施等。现在的重庆中央公园已成为最受重庆市民欢迎的公园之一，特别是节假日，数万人来到这里休闲游园，成为人们放松、休闲的海洋。

完成重庆中央公园后，大家又投入到一个国家级新区的规划建设——贵州省贵安新区。又是一处山地型新区，与重庆比其总体景观环境更加清秀，自然山地空间更为舒缓，再加上贵阳凉爽的天气，为创作高品质的景观奠定了基础。在前期完成了贵安新区绿地系统专项规划的前提下，风景院承担了新区核心区月亮湖公园的规划设计工作。公园的区位特点与重庆中央公园类似，其规划目标也异曲同工，同样是"先建园，后建城"，将生态环境的建设放在第一位。月亮湖公园的基址是利用原汪官水库，有八百亩水面和良好的水源条件，环水库的山地丘陵为公园的山水格局奠定了良好基础，公园的设计在此基础上展开。总体山水格局完全遵从于已有资源，保护大树植被、水系溪流等，对山水空间进行适当梳理，构成以原生自然为底的山水画卷。在公园的设计中，特别注重文化展现，也是业主关注的核心内容，经过多次的专家会议深入研究论证后，确定公园以月亮文化为主题，将月亮所蕴含的包容、谦逊、博大的内涵以"月之七情"进行表述，利用特色的景观空间、景观要素、技术手法来进行表达，是一次将文化和景观相融合的深入实践，做到了以文化境。这也是风景院在设计中全面以文化为主脉的具体设计实践，设计工作迈向了一个新的台阶。

随着落地实践项目的一个个建成完善，更因于国家生态文明建设的大力推进，园林景观设计项目日益增加，大家有机会承担了更多的设计项目。随着设计项目的增多，设计师们开始了研究之旅，针对每一个项目都力求找出特点、找出亮点，体现出新的理念、新的思想，进行对位的研究和论证，得出正确的结论后开展针对性的设计，体现出了设计的价值观。

江苏宿迁的三台山森林公园从前期规划开始，从总体层面进行公园定位、结构布局、功能分区、文化展现，对十几平方公里的公园进行了全面规划引导。在此基础上我们承担了主入口景区的详细设计、方案设计、初步设计和施工图设计工作，经过两年的现场工作，三台山做到了最美的自然、最美的生态，现在成为了到宿迁的必游之地，带动了地方社会、经济的发展。位于北京市丰台区的南苑森林湿地公园是在深入研究南苑历史的基础上，根据时代对这片地域赋予的新要求，将其定位为"首都南部结构性生态绿肺、享誉世界的千年历史名苑"，并重现南苑"大自然、真野趣"的"南囿秋风"景致，成为北京南中轴延长线上的重要节点构成。北京副中心城市绿心森林公园是集生态修复、市民休闲、文化传承于一体的城市大型绿色空间，在玉带河东支沟片区的设计中我们做到了生态修复、景观建设与河道排洪的相互结合，河边注重儿童活动空间和场地的设置，营造了欢歌笑语、热闹活力的景观氛围，做到了副中心规划建设中"清新明亮、人民共享"的总体目标。海南三亚的丰兴隆生态公园将生态修复、海绵设计、人性化场所营造、艺术创作有机融合，设计出来一处变化的、生动的、令人向往的绿地空间，让市民实实在在地感受到了城市双修带来的成果。重庆渝中区的山城公园位于渝中半岛面向嘉陵江的陡坡之上，全长5公里的界面上已经分布有五个面状、点状的公园和景点，设计以迭代文化为脉络，串联各子公园的主题特色，营造涵盖重庆自古到今特色的历史文化体验带，联通各公园浓荫树木、道路游线、文化脉络、场所空间、景观节点，形成令人深思、感悟、游憩休闲、运动活力的半山城市公园体系，使断裂的城市节点、历史文脉得以整合与串联，更联通了人民对美好生活的向往。位于古丝绸之路上的宁夏固原城墙遗址公园将漫漫黄沙、驼铃远歌、幸福生活在古老的城墙展现，现有的岁月沧桑的夯土城墙是历史与现代城市生活的对话，是不屈于贫瘠土地的黄土地人民奋斗出新生活的史歌，是对新时代生活的描绘与展现。石家庄滹沱河生态修复规划和工程设计实现了石家庄母亲河的新生，109 公里长被残破沙坑占据的滹沱河是石家庄城市拓展的绿色发展带、京津冀绿色协调发展的生态示范河流，在以水利安全为基础的前提下，全面开展河道生态修复工作，整体顺应自然条件、不求大绿大水，因地制宜地做到小水中绿、以绿补水，乡土的地被伴河而长，呈现旖旎的大地景观；堤顶路、滨河路、滨水路保障了水利防洪、旅游交通、亲水近水等多种交通功能需求；若干个各具特色的生态区、公园、景观节点成为假日市民休闲度假的首选，滹沱河的生态修复不仅修复了大河的生态环境，也为市民提供了更多绿色美好幸福生活的环境和空间。还有北京中关村森林公园、北京潮白河生态景观带、海南三亚丰兴隆公园、三亚解放路等多个项目，都体现了风景院园林绿地景观设计工作在保护环境、完善生态、传承文化、为民服务、面向时代的不懈追求。

随着园林景观规划设计团队的壮大和成熟，近年来又先后多次参与各地的国际方案征集的竞赛之中，在大家齐心协力、研究精微之下，多个项目获得优胜。包括北京副中心行政办公区的园林绿化景观规划、南苑森林湿地公园、大运河源头白浮泉遗址公园、坝河生态廊道、云景公园等，以及成都龙泉山森林公园、浙江嘉兴长三角生态绿色一体化发展示范区协调区（秀水新区）重点湖荡区概念设计等。众多的竞赛锻炼了队伍、拓展了思想、提振了信心，一个个项目持续的推进，一个个精彩作品逐步展现，大家在奋斗的过程中也深深地感受到了获得感和幸福感。

"路漫漫其修远兮，吾将上下而求索"，风景园林学作为人居环境建设的重要学科，需要持续的研究和探索。本书是设计师的工作实践集，呈现的是设计师的成果和思考，希望各位读者不吝给予指导，我们定认真聆听学习、吸收修正，以求更大的进步。

目 录 CONTENTS

城市公园类
URBAN PARK

城未建，景先行
——重庆中央公园规划设计

LANDSCAPE DEVELOPMENT PRECEDES URBAN CONSTRUCTION
Chongqing Central Park Planning & Design

项目区位：**重庆市两江新区**

项目规模：**153 公顷**

起止时间：**2011 年 2 月～ 2013 年 10 月**

业主单位：**重庆市渝北区人民政府、重庆市中央公园建设投资有限公司**

项目类型：**综合公园**

一、缘起

2010 年 5 月 5 日，国务院正式批准设立重庆两江新区，两江新区是继上海浦东新区和天津滨海新区之后由国务院直接批复的第三个国家级新区，也是我国内陆地区第一个国家级开发开放新区。两江新区的设立引起了国内外的关注，当时也正值我国各地大建设时期，重庆的两江新区怎么建？如何启动？新区的吸引力在哪？何以招商引资？可以说国内外的众多目光投向了这片土地！

2011 年 2 月，项目组接到了重庆中央公园规划设计的任务，两江新区果然出手不凡，最先启动的不是大规模的商宇楼盘和工业园区的建设，而是最先启动核心区的最核心部分——中央公园的规划设计，以中央公园促进核心区开发建设，塑造"新重庆"。中央公园总用地面积约为 153 万平方米，确定为未来重庆两江新区核心区的地标景观。

项目组到达现场后，映入眼帘的是一片山峦起伏、谷壑纵横的低缓山地，远望山林梯田、林果盖山，俯瞰溪环水绕、山路弯弯，好一处美丽山川！已完成前期片区规划的西部分院同事告诉我们，这一区域已经规划为重庆两江新区的核心区，未来这里将是以中央公园为核心，周边集金融、商贸、文化、高端服务、高端住宅于一体的重庆市的新中心。

这一片生长着众多杂木林的自然平缓的丘陵地，在重庆大地上随处可见，它如何能华丽转身，成为新区的生态地标呢？带着疑虑，项目组开始了总体的规划设计工作。

设计之初，委托方要求公园必须有三项内容，分别是较大规模可以开展大型活动的广场、千米长的较为平缓的轴线以及 300 亩的大草坪。这"三大"在重庆需不需要呢？带着这个问题项目组先后调研了重庆的朝天门广场、人民会堂广场、磁器口、江北咀中央公园、龙头寺公园、洪恩寺公园、空港新城公园、鹅岭公园、重庆园博园、南滨滨江广场等多处城市开放空间，发现生长生活于山城的重庆人因于过多的山地、坡地、高差，他们对较为平整、稍大的场地极为热爱，城市中平坦的户外活动空间对市民有着极强的吸引力！在开敞空间中，人们自发开展多种活动，有棋牌、品茗、演出、健身、婚庆、野餐、自行车等，体现着重庆人对生活的热爱，充满着设计和活力！

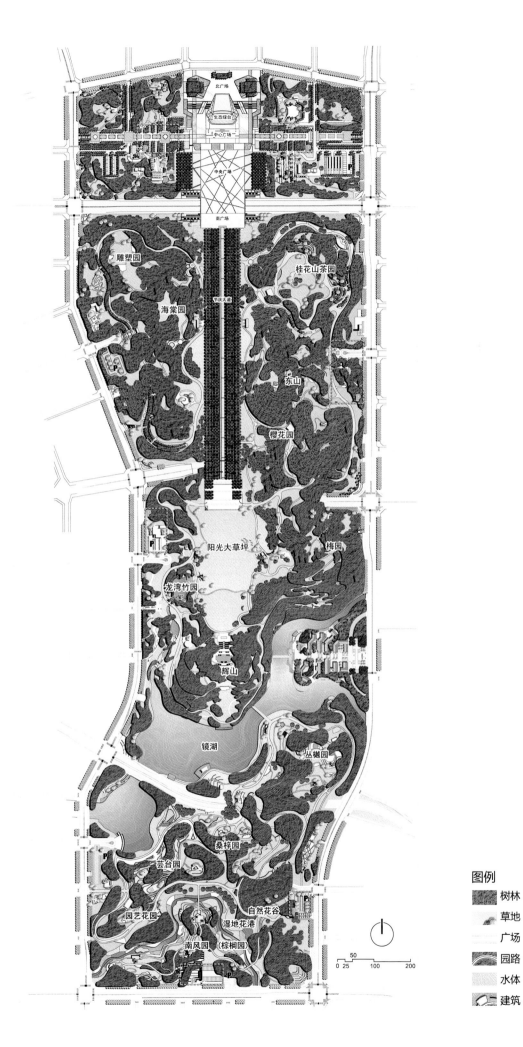

北广场

生态绿台

中心广场

中央广场

南广场

雕塑园

桂花山茶园

海棠园

节庆大道

东山

樱花园

阳光大草坪

梅园

龙湾竹园

辉山

镜湖

丛橄园

桑梓园

芸台园

园艺花园

自然花谷

湿地花港

南风园（棕榈园）

图例

树林

草地

广场

园路

水体

建筑

50

0 25   100   200

图 1　公园总平面图

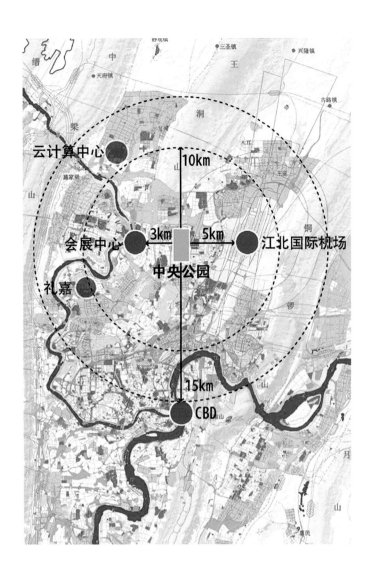

云计算中心

10km

会展中心 3km 5km 江北国际机场

中央公园

礼嘉

15km

CBD

图 2 公园区位图

图 3 周边城市相关规划图

图 4 公园周边交通分析图　　图 5 公园空间结构图

图 例

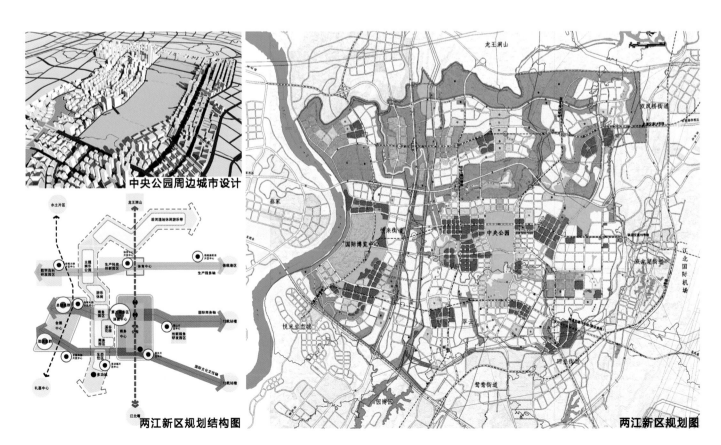

中央公园周边城市设计

两江新区规划结构图

两江新区规划图

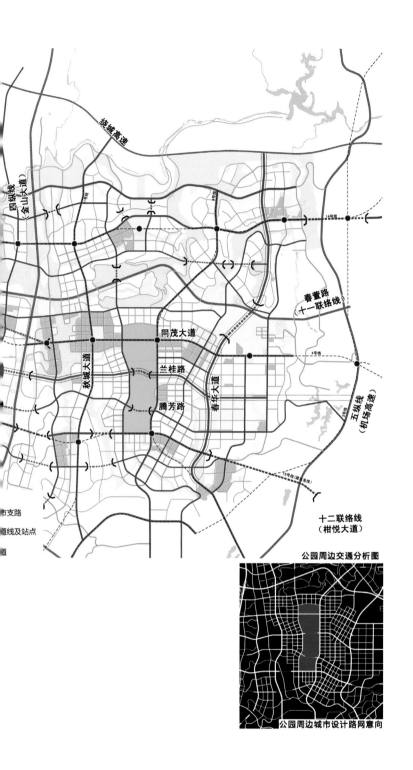

公园周边交通分析图

公园周边城市设计路网意向

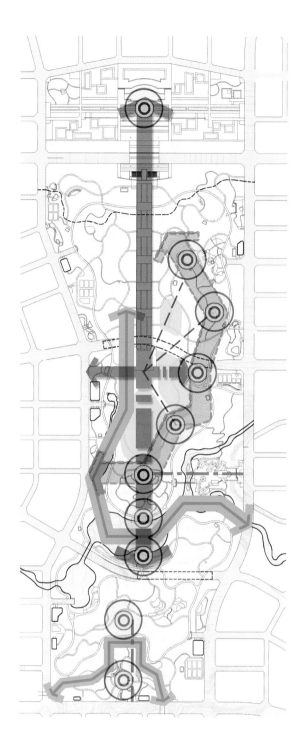

二、总体设计

作为城市新区的中央公园，政府和民众都有良好的愿景，其所在区位和作为新区开篇之作，应为新区的建设和发展带来新的希望，给未来以信心。

中央公园设计项目组与核心区城市设计项目组一起开展工作，针对公园的形状大家讨论了多个方案，公园的用地形状参考了纽约中央公园，采取了宽边与长边对比较为突出的长方形外形，以求获得边长较大的界面，为城市提供景观和服务。先后给出了飘带形、风筝形、宝瓶形、灯笼形、如意形等，经过分析研究，以为城市留足最长界面、功能布局群众使用便捷和景观空间组织有序为条件，确定了公园尺度关系：公园用地南北长条形展开，南北长约 2400 米，东西最宽处约 770 米，最窄处约 600 米，占地面积约为 1.53 平方公里。公园形成了总长约 6 公里的绿地连续边界，四周可带动约 7 平方公里的高强度城市中心区的开发建设，使得公园绿地的效益得到充分发挥。

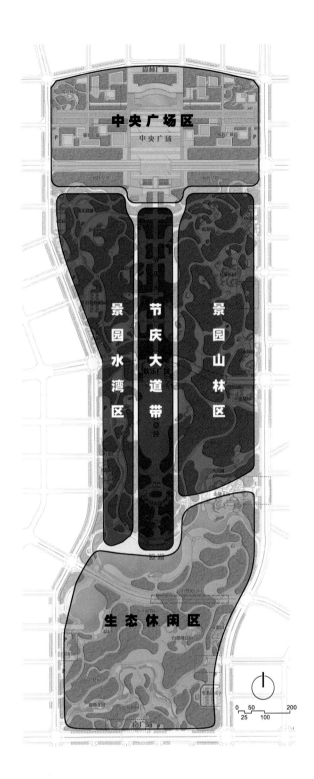

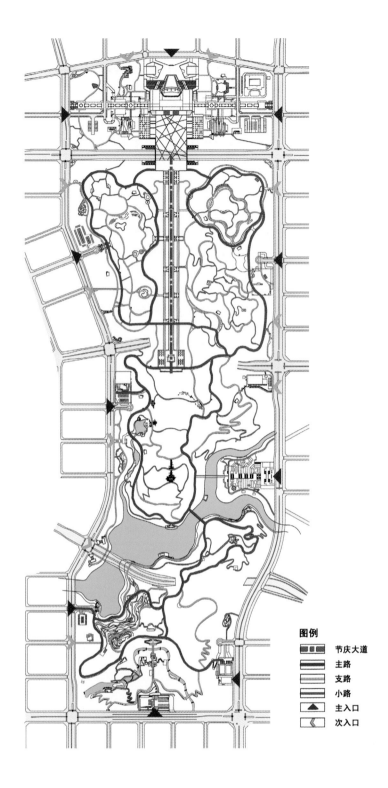

图例
节庆大道
主路
支路
小路
主入口
次入口

1. 定位与主题

在借鉴美国纽约曼哈顿岛中央公园、英国伦敦海德公园等国内外大型公园成功经验的基础上，结合公园在两江新区所处的地位和对新区未来的影响力，经充分深入研究，公园目标定位为"城市地标，世界名园"，特色定位为"中国文化、重庆特质、生态环境"，功能定位为"重庆市大型城市综合公园"。这与我国各城市普遍以超高层建筑或者建筑群为地标不同，重庆两江新区把城市公园绿地作为城市地标来打造，把新区生态环境的建设放在了第一位，有很强的前瞻性。单个定位对文化、功能、特色都有了具体的要求，为项目的规划设计和建设指明了方向。

作为两江新区的中央公园，公园的地位和作用是明确的，其主题也需明确清晰地为全市市民服务。经研究，公园策划了五大主题，即"欢庆、开放、生态、文化、科技"，欢庆主题主要包括节日庆典、纪念活动、群众娱乐、市民休闲、公共参与以及儿

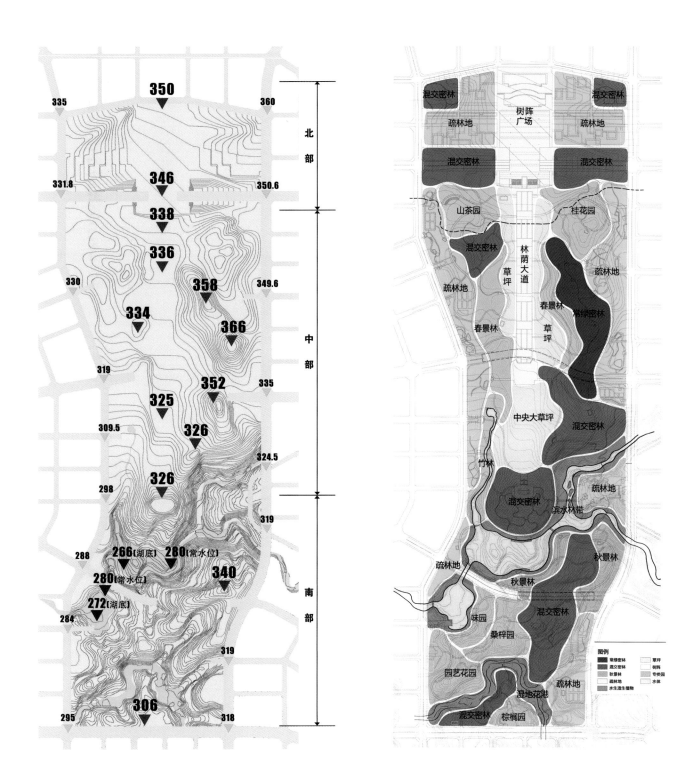

童游戏；开放主题主要体现在空间类型、公园风格、时尚活动、设施及标志等；生态主题主要体现在生态系统、生物多样性、生态技术、本土植物；文化主题主要表现的是巴渝文化、山水文化和传统民俗文化；科技主题主要包括资源节约、能源节约、低碳和资源循环。每个主题在公园中均有相应的内容支撑，并以相应的功能设施和景观元素予以具体体现。

图6 公园分区图   图7 公园道路交通系统规划图

图8 公园竖向设计图   图9 植物景观规划图

图 10　自然的登山石径与滨水园路

2. 结构布局

中央公园是在典型的重庆低山丘陵地区选址建设的，其有基础的地形地势条件。设计尊重现有地形走势，结合公园功能布局要求，全园形成了"四区、一带"的结构布局：中央广场区、节庆大道带、景园水湾区、景园山林区、生态休闲区。公园以中央广场、节庆大道、阳光大草坪三大主题景观为核心，主轴线由中央广场、节庆大道、欢乐广场、中轴草坪、辉山、镜湖组成，另有多条虚实轴线相互呼应，控制全园。依托现状自然山水架构，结合地形山势因地制宜、因势利导，梳山理水建构景观空间，公

园总体形成山环湾抱、山水相依的空间结构格局。

中央广场区总面积约 30 公顷，以中心广场和南广场为环境依托，营造大气的节日庆典、集会空间，包括中央广场、服务广场、生态绿台、北广场等。多条放射型道路与中央广场联系，以迅速集散人流。中央广场也是欢乐的广场，冰裂纹的构图使得广场充满活力，冰裂纹下的旱喷喷涌而出时，这里就成了孩子们欢乐的天堂，他们追逐着、打闹着，大人们也享受着欢乐与幸福。中央广场也是举行大型活动的区域，已经多次举办大型演唱会、展出活动，吸引了众多的参观者。

图 11　中央广场旗阵

图 12　入口标识墙
图 13　北广场旗台和开阔的中央广场
图 14　节庆大道

　　节庆大道带总面积约 18 公顷，以中轴的节庆大道为主体，营造大气的节日庆典、集体活动、花车游行空间，包括节庆大道、欢乐广场、阳光大草坪、辉山等。多条公园道路与之联系，大道外侧为开敞草地、疏林草地等。

　　景园水湾区面积约 22 公顷，以疏林草地与龙湾水景为主导景观，营造丰富的市民游赏、运动、演出、休闲的景观空间，包括雕塑园、海棠园、露天剧场、健身园、益清园、龙湾竹园等。多个入口与之联系，并与节庆大道带互动。

　　景园山林区总面积约 30 公顷，以功能园区为主体，以开放大草坪与山体密林为主导景观，营造满足游戏、休闲、运动、演出、展览、科普等的景观空间，包括桂花山茶园、儿童乐园、东山、樱花园、阳关大草坪、梅园等。东入口与之联系，并与节庆大道带互动。

　　生态休闲区总面积约 53 公顷，以镜湖与自然山体风景为主导景观，营造自然生态园地，满足市民游园、休闲、运动、科普等活动，包括镜湖、山城天街、桑梓园（乡土植物园）、丛樾园、自然花谷、芸台园（味园）、园艺花园、湿地花港、生态运动园、南广场（棕榈园）等。

图 15　桂花山茶园

———

图 16　生态的水生植物岸线 1
图 17　生态的水生植物岸线 2

公园内设环形主路，长约5公里，宽7米，坡度在3%～8%之间，串联公园各景区，并作为健身慢跑路线和自行车路。因主环路南北较长，设计在东西之间有3条6米路相连，并连接主入口，形成三个可独立成环的主路系统。园内各主要出入口设计停车场，停车场以地下停车为主，共设地下停车位2633个。

中央公园之理水结合场地环境，因地制宜，顺势而为。设计公园由北至南形成三种类型的水景空间。北部配合中央广场的造园意向建设规则大气的"广场水景"；中部根据自然起伏的地形条件，形成韵律丰富的"自然水景"；南部结合现状场地的湿地水塘，设计为"湿地水景"。

公园植物配置以重庆市民喜爱的银杏、香樟、桂花、黄葛树、法桐、大叶女贞等骨干大树为主体，结合疏林、密林、草坪等，营造丰富的植物景观。依据场地现状及功能需求，在尽可能保留现有林木的情况下，运用多种植物景观类型，营造丰富的空间氛围。主要的植被景观类型有：常绿密林、混交密林、秋景林、疏林地、树阵、草坪、专类园、水生湿生植物等。全园植物景观结构可概括为：中轴大树统领气势，开阔草坪舒展空间，山体密林构建骨架，外围疏林融合城市，疏林草地奠定底景，专类花园绿中点彩。

公园形成"中轴统领、缓山拱合、湾湖环抱、景园点彩"的公园空间结构。公园中设计了多个园中园构成特色景园，掩映在公园的大的绿色之中，点染公园风景。

随同公园设计同步开展的还有公园周边的城市设计、城市竖向平场设计、城市水系规划、城市交通工程设计等专项工作，各城市专项设计以中央公园为主体，有序展开，形成城园共融的城市空间。

三、项目特色

1. 公园与城市密切融合

公园的规划设计与新区核心区的控制性详细规划、城市设计同步进行，在空间结构、城市竖向、道路交通、给水排水体系、公共服务设施上统一规划，相互呼应。公园设计充分考虑与城市空间肌理、街道尺度、自然水系、交通路网、基础设施的关系，相互融合，景观渗透，丰富了城市景观界面。城市设计采取了窄路面、密路网的形式，呼应公园肌理和尺度。城市与公园处处对景、互为因借。

2. 因地制宜，消纳雨洪

中央公园之理水纳入城市水系统综合考虑，结合场地环境，顺势而为，对城市雨洪和公园雨水排放进行有机消纳。中部利用现状河道，设计"镜湖"，可蓄积雨水30万立方米，汇集公园和城市一定区域的雨水积存，用于园内植物灌溉养护；南部结合现状场地的湿地水塘，设计为"湿地花港"，收集地形雨水，有机配植的湿地植物群落净化雨水，展现湿地雨水净化理念。

图 26 节庆大道两侧的林荫空间
图 27 城市与公园景色互借

图 28 自然乔木、草地和休闲座椅   图 29 山之园
图 30 亲子户外野餐   图 31 具有序列感的种植

3. 乡土植物，地域特色

公园内选用的乡土植物超过 210 种，形成了具有地域特色的园林植物风貌。种植设计依据场地现状及功能需求，在尽可能保留现有林木的情况下，营造丰富的空间氛围。植物配植以重庆市民喜爱的香樟、桂花、黄葛树、法桐、大叶女贞等骨干大树为主体，结合疏林、密林、草坪等，形成多样的植物景观。

4. 因地因需，创造多类型功能空间

根据活动需求不同，合理打造公园南北区地形空间。公园北区以多样的开敞空间为主体，创造了山城中独树一帜的公园景观，满足大容量的游客需求。公园南区充分保留现状地形，营造山水交融的自然空间。

图 32　山之园与城市互换

图 33　雾中镜湖

图 34　儿童游戏场 1　　图 35　儿童游戏场 2

图 36　草坪上快乐的孩子们

图 37　雕塑园　　图 38　中央广场喷泉 1
图 39　中央广场喷泉 2

图 40　阳光大草坪　　图 41　香樟草坪　　图 42　园路秋色

图 43　春日樱花

图 44　掩映在花丛中的座椅
图 45　蜿蜒的园路

四、结语

历经近三年的建设工作，重庆中央公园于 2013 年国庆节建成并对外开放，公园从当时一片缓山杂木林变成了环境优美的城市公园，可以说是一个华丽的转身。新颖的公园风貌、多元化的功能空间、广阔的绿地吸引了众多的重庆市民前来参观游览，因为重庆多山地公园，无障碍的大公园是大家所喜爱的，大家在对公园景观的称赞之余更是享受公园带给人们的清新与快乐。孩子们欢快的奔跑着，在沙坑里、秋千上、大草坪中快乐地玩耍；年轻人在篮球场上一展身手，跑步道上神采飞扬；中老年人在林荫下、场地上、草坪中、清水畔休闲放松，享受美好生态，度过悠然时光。

随着中央公园的日益成熟，其在重庆市的知名度日益提高，吸引了广大市民前来休闲游览，公园成为重庆市民最为喜爱的公园之一。随之公园周边的城市开发建设如雨后春笋，蓬勃发展，城景共融的景象沿着公园界面次第展开。以重庆中央公园作为两江新区的生态地标、带动新区建设发展的愿景正在逐步实现。

千年苑囿的时代复兴
——南苑森林湿地公园规划设计

THE RENAISSANCE OF MILLENNIUM
Nanyuan Forest Wetland Park Planning & Design

项目区位：**北京市**

项目规模：**17.5 平方公里**

起止时间：**2018 年 4 月~ 2020 年 6 月**

业主单位：**北京市规划和自然资源委员会、丰台区人民政府**

项目类型：**综合公园**

一、缘起：大南苑的复兴梦

1. 苑囿与中国园林

中国园林艺术是人类文明的重要遗产，公认为世界园林之母，中华五千年的历史沉淀，是祖先留给我们的瑰宝。中国园林艺术起于商周，其时称之为囿。《吕氏春秋·重己》中写道："畜禽兽所，大曰苑，小曰囿。"苑囿初为皇室狩猎、豢养珍禽异兽的场地，后划地经营果蔬。东汉后，苑囿有了"游"观功能，因此，古代苑囿是皇家资源储备、狩猎演武、物质生产之处，也是略具园林型格局的游观、娱乐的场所。早期苑囿代表为殷纣王"沙丘苑台"、周文灵囿，后有西汉武帝的上林苑、隋炀帝西苑，自元后最为称著的皇家苑囿即南苑。

2. 南苑的前世今生

南苑是中国古代最后一座保持着秦汉时期苑囿之风的清代皇家御苑，是探讨皇家御苑起源的一个活化石。作为明清都城格局的重要构成，南苑既是北京皇家苑囿起源地，也是中国近代历史文化变迁的重要见证地。

历经千余年的春秋变换，南苑历经辽、金、元、明、清，时至今日，尽管这座皇家园林已然无存，但它所承载的历史文化价值仍是当前城南文化建设不可忽视的重要载体。

图 1　总平面图

3. 首都格局的重要组成

老城是建设承载中华优秀传统文化的代表地区。三山五园是国家历史文化传承的典范地区，是国际交往活动的重要载体。大南苑是古都历史文脉和文化精华的重要承载地，是首都文化精华传承的典范地区和国际文化交往的重要载体。

未来，保护传承大南苑历史文脉，建设国家文化纪念地，大南苑与老城、三山五园等历史文化遗产交相辉映，共同构成彰显中华文明的金名片。

4. 南苑的复兴行动

在新时代，千年苑囿的时代复兴重登历史舞台。在《北京城市总体规划（2016—2035 年）》四个中心战略定位和中轴统领的相关要求下，在巩固"疏解整治促提升"专项行动成果中，在贯彻《促进城市南部地区加快发展行动计划（2018—2020 年）》，将南中轴建设成"生态轴、文化轴、发展轴"的理念指导下，大南苑地区迎来了新的机遇和挑战。

森林如烟

"万树周陆起夕烟，汉家宫囿带三川。"
——明欧大任《南海子诗》

湿地若海

"泽诸川汇，若大湖流海，渺弥而相属."
——明李时勉《北都赋》

鸥鹭

"禽兽鱼
不可得而
——明李

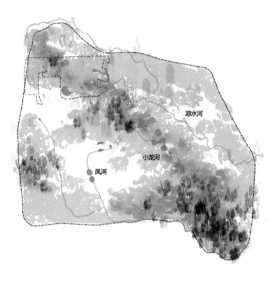

南苑森林分布示意图

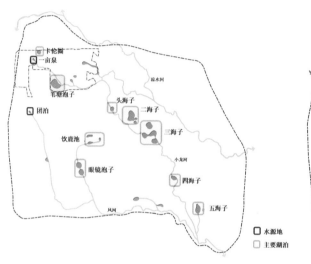

南苑湿地分布示意图

南

图2 南苑风貌特色
图3 规划定位

2018年4月～7月，北京市规划与自然资源委员会组织南中轴南苑地区国际方案征集工作，经院士领衔的专家组评审，从五家国内外知名设计联合体中评选出三家优胜方案，并成立了以中规院为主体的技术工作营，全面开展方案综合深化工作。综合方案两次向蔡奇书记汇报，均得到了充分肯定，并提出率先启动南苑森林湿地公园规划设计建设。

首都南部结构性生态绿肺

完善首都生态格局的"四梁八柱"，形成城市发展绿色引擎，引领城南地区功能和品质的全面跃升。

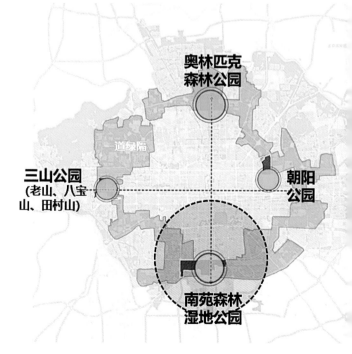

河水不竭

"小龙河名一亩泉，二十三泉润南苑。
蜿蜒九曲东南区，荷波稻浪载丰船。"
——明佚名《古风》

涼水河

凤河

小龙河

→ 河流主脉

示意图　　　　　南苑河流水系分布示意图

二、总体设计

如此超大尺度的城市公园，不再是传统意义上的城市绿地，更不是自成体系的游览空间，而是融入并引领城市发展，激活城市地区功能的关键，因此南苑森林湿地公园的规划过程不同于传统公园的设计手法，而是突破自我一体的传统格局，以城市地区为着眼点，从空间与时间等多个维度探索构建城市大型绿色空间的技术方法，以最大的开放性和整体性引导公园的规划设计。

总体上，以生态为本，搭建首都中心城区生态格局的"四梁八柱"，形成城市发展的绿色引擎，引领城南地区功能和品质的全面跃升；以文化为魂，挖掘与传承南苑历史文化印记，形成大南苑复兴的文化引擎，彰显新时代大国首都文化自信；以市民为本，设置多类型的休闲游憩活动空间，满足美好生活的需求。未来公园将建设成为首都南部结构性生态绿肺，享誉世界的千年历史名苑。

南苑森林湿地公园的规划设计过程实际上也是风景园林师通过自身的专业语境，诠释新时代发展理念下的城市与公园的匹配关系。

享誉世界的千年历史名苑

挖掘与传承南苑历史文化印记，形成大南苑复兴的**文化引擎**，
彰显新时代大国首都文化自信。

以苑囿为基础的代表性公园

国：海德公园（原皇家的
狩鹿场）、摄政公园
（原皇家狩猎森林）

国：梯尔园（原皇家狩猎园）；

图4 总体鸟瞰效果图

图 5　红门御道效果图

图 6　缭垣绿茵效果图

图 7　陂塘雁影

图 8　丁乾掠影 1

图 9　丁乾掠影 2　　图 10　丁乾掠影 3

1. 林湖潆荡的回望——营造野趣风貌、重现南囿秋风

公园规划设计团队一以贯之地延续历史文化的真实性，客观审视古今地域景观特色，秉承《南囿秋风》之"万木葱茏、百泉涌流"的自然风貌，努力追寻回望那林木草丰、平湖潆荡的壮美景观。因此，在南苑森林湿地公园的规划设计中，因地就势，整合现有地形，统筹林地、河流、鱼塘以及林窗和荒地等现状自然要素，营林疏水，延绿增彩，最终形成 15000 亩森林、1800 亩水系、1000 亩草地的整体自然格局，营造森林与湿地相互交织为主体，兼有草地与溪流的景观风貌，充分恢复展现自古以来南苑地区"大自然·真野趣"的南囿秋风景致。

2. 与时空的对话——挖掘城脉印记、重现空间记忆

南苑森林湿地公园的规划与设计离不开对大南苑地区的广泛研究，规划设计团队深入研究文献典籍，整合大量历史文化碎片，从风景园林的技术角度切入，重新梳理南苑历史上物质生产、行围狩猎、军事阅武、政治外交、驻跸生活五大功能，提取最具代表性和象征意义的政治及历史事件，结合城市空间构建，在南苑森林湿地公园中规划庄园外交、水围活动、苑台观览、御果采摘、田园农耕等 10 处主题情景，形成历史文脉记忆的空间重塑。同时结合公园游览功能和场地设计，恢复诸如大红门御道、草桥御道、庑殿路御道、潘家庙角门、古苑墙、三台子等多处历史印记，塑造时空对话的文化体验。

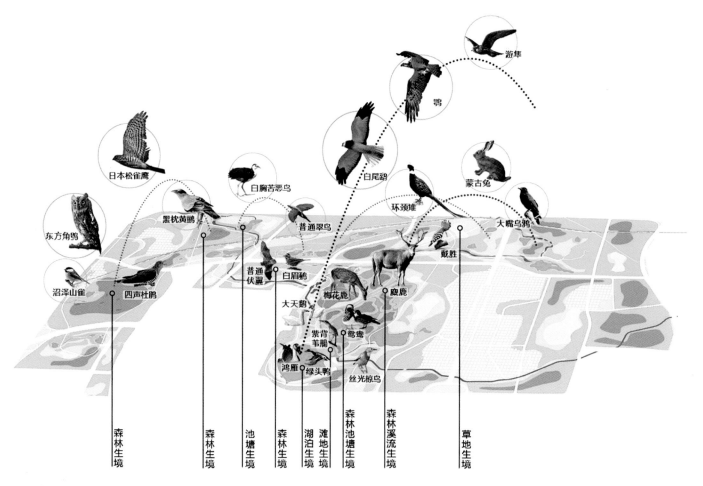

游隼

鸮

日本松雀鹰

白胸苦恶鸟

白尾鹞

蒙古兔

东方角鸮

黑枕黄鹂

普通翠鸟

环颈雉

大嘴乌鸦

沼泽山雀

四声杜鹃

普通
伏翼

白眉鹀

戴胜

大天鹅

梅花鹿

麋鹿

紫背
苇鳽

鸳鸯

鸿雁

绿头鸭

丝光椋鸟

森林生境　森林生境　池塘生境　森林生境　湖泊生境　滩涂生境　森林池塘生境　森林溪流生境　草地生境

3. 城市中的绿色家园——构筑多元生境，再现鸢飞鱼跃

南苑森林湿地公园在优化现有河道、恢复历史水系的基础上，结合南苑地区的城市洪涝管理体系，构建"一河、十湖（泡）、两溪、一淀"的水域格局，再现南苑陂塘风貌。公园通过再生水厂的水源补给，增强水循环动力，完善生态群落等方式，提高水质净化水平，同时结合雨洪排涝、地下水回灌，形成丰富水网体系，新增库容 206 万立方米，可承担 22 平方公里的雨洪调蓄功能，每年回灌补充地下水 2000 万立方米。

根据长期的跟踪调查和历史记录的深入研究，公园选取 20 余种指示性动物，有针对性的结合地形地貌、水系条件、林地环境等自然资源要素，以生境恢复为导向，进行竖向设计和土壤及植被的修复设计，营建包括开阔水面、溪流、滩涂、芦苇湿地、开阔草地、草地灌丛、疏林和密林等多种生境，形成多元化的植物群落，满足不同生物栖息需求。未来，公园有望吸引鸟类 220 种以上，将成为北京中心城区规模最大的观鸟胜地、动植物种类最为丰富的绿色家园。

图 11　生境系统图

图 12　芳草水溪　　图 13　林中小品

图 14　碧芳清胜

图 15　曲溪双杨 1　　图 16　曲溪双杨 2

4. 城市新语境——融入多维需求、满足美好生活

公园既是游览空间，又是城市联络空间，规划设计团队在南苑森林湿地项目中重新定义公园与城市之间的功能关系，将城市主题活动、文化展示、产业发展、区域交通等多方面与公园功能进行深度融合。

比如将公园游线提升为城市型绿色交通系统，合理融合城市轨道交通和城市换乘体系，构建公园中的交通枢纽，实现自然环境中的通勤体验。城市公共活动与公园的创新型链接，依托公园 21 公里主环路，可跑步慢行、森林运动、生态体验，游览其中是一次完美的自然之旅。同时形成北京首个公园内半程马拉松线路，未来可以颐和园为起点，南苑森林湿地公园为终点，规划全程马拉松线路，实现三山五园、老城和南苑的历史链接。依托森林湿地的自然环境、南苑厚重的历史文化，规划 7 处文化馆，突出历史文化，以文化馆形式讲述南苑历史和地域文化、科普自然科学知识，并形成服务中心，通过公园讲述南苑以及北京城的故事。

图 17　卧云轩

图 18　水畔小品　　图 19　健身步道

图 20　烟柳翠鸣

图 21　林歌唱晚

5. 以园化城——城园有机融合、公园城市典范
　　南苑森林湿地公园是城园有机融合的典范，绿色空间与城市建设用地之间相互交织，在公园内构建包括体育运动公园、卡轮圈运动休闲谷、南苑国际文化交流区在内的三大文体休闲片区，将城市的文体交流功能纳入公园之中。同时，在公园内植入国家文化展示功能区、城市休闲服务区、世界之花及周边居住区三片城市服务组团，在公园中纳入城市公共服务功能，真正形成以园化城、城园共生的公园城市格局。

　　另外，着力挖掘公园周边地块开发潜力，用于平衡公园建设资金和后续运营成本。建设望湖酒店及国际公寓，远眺中轴线及森林湿地公园全貌。通过连廊和屋顶平台建设屋顶花园，打造800米长的大型"城市阳台"，促进城园融合。

三、超大型城市绿色空间的规划思考

南苑森林湿地公园作为城市超大型绿色空间的代表，早已超出了一般城市公园的范畴，结合城市的公园规划成为必然选择。项目组在项目规划过程中通过研究思考，探索此类公园规划的思路与方法。

1. 层级结构

超大型绿色空间由于其核心腹地的深远，成为城市难得的生态保护空间，同时由于其外部与城市建设用地犬牙相错，使其又具备宽阔的城绿交界地带。圈层结构正是同时具备了深度和广度的公园规划结构。

保育层是人工干扰度最低的区域，承担棕地修复和生物栖息的重要功能，是城市的生态孵化器。衔接层既是核心层的外围隔离，又是市民亲近自然的休闲活动空间集中区。该区域还承担绿色空间内部各板块衔接，以及内外连通枢纽的重要作用。边缘层是土地利用方式最为多元的片区，是与城市积极共享开发的边界，融合周边城市空间，与城市功能和市民需求整体规划考虑的区域。

2. 生态导向

超大型绿色空间一方面应从城市山水空间的角度构建其蓝绿

格局，通过强化生态性的雨洪调节，保证城市核心区域蓝绿空间的城市生态系统调控功能。

另一方面，超大型绿色空间的生物承载能力及多样性远超一般城市公园，以构建生境为目的的种植设计更具有科学性和保护价值。比如在南苑森林湿地公园构建了包括水域、灌草、森林、林园在内的四类是一种生境类型，应用多样的植物物种和群落配置模式，以植被修复提升和生境营造的方式，形成大规模、连片、完善的森林、草地、湿地复合绿色空间。在这一基础之上构建的

设计体系才具备科学合理的承载基础。

3. 复合功能

超大型绿色空间建立了多种土地利用方式相结合的综合体，创造一个灵活并适应城市发展的开放空间系统，与周边城市有机地结合起来，建立多元的场所类型，并赋予同一场所的多元功能，使其能满足更多人的需求。

四、结语

　　南苑森林湿地公园项目正如设计内容里的一样，是一场名副其实的马拉松，从接到设计任务到目前分块实施，再到可预见的未来，都将是一个漫长的过程。但也正是漫长的规划设计过程促使大家不断地思考，在思考中总结，用整体、辩证和弹性的规划思维重新理解公园设计，持续探索新的规划设计路径。

"灰色"地带的重生
——城市绿心森林公园玉带河东支沟片区景观设计

REBIRTH OF "GRAY" ZONE
Landscape Design of Dongzhigou Area of Yudai River in Lvxin Urban Forest Park

项目区位：**北京市**

项目规模：**80 公顷**

业主单位：**北京城市副中心投资建设集团有限公司**

项目类型：**综合公园**

一、缘起：城市绿心中的"灰色地带"

城市绿心森林公园位于大运河南岸，与北京城市副中心行政办公区遥相呼应，总面积约 11.2 平方公里，是副中心规模最大、最集中的城市森林公园，集生态修复、市民休闲、文化传承于一体，是北京城市副中心绿色空间的结构核心。2018 年 12 月，中国城市规划设计研究院有幸参加到北京城市副中心城市绿心园林绿化概念性规划设计方案国际征集的工作之中，并最终成为城市绿心森林公园项目中玉带河东支沟片区（设计五标段）的设计单位，从此设计团队便与绿心建设工作相伴始终。

玉带河东支沟片区是绿心森林公园最南部片区，形成东西长约 4.4 公里的带状空间。在绿心总体规划中，将这一片区中的现状暗渠转变为兼具调蓄与排洪功能的景观河道，使其真正成为绿心所有水系流程中的"最后一公里"，其在绿心整体山水格局中的重要性可见一斑。然而，原有渠道内的恶化水质，纵穿场地的高压走廊和电力设施，以及同步建设的市政道路等复杂条件的多重交织，使设计地块成为一条承载太多"附加条件"的"灰色地带"，如何在众多不利条件下重塑场地格局，延续绿心风貌，成为本次设计的关键。

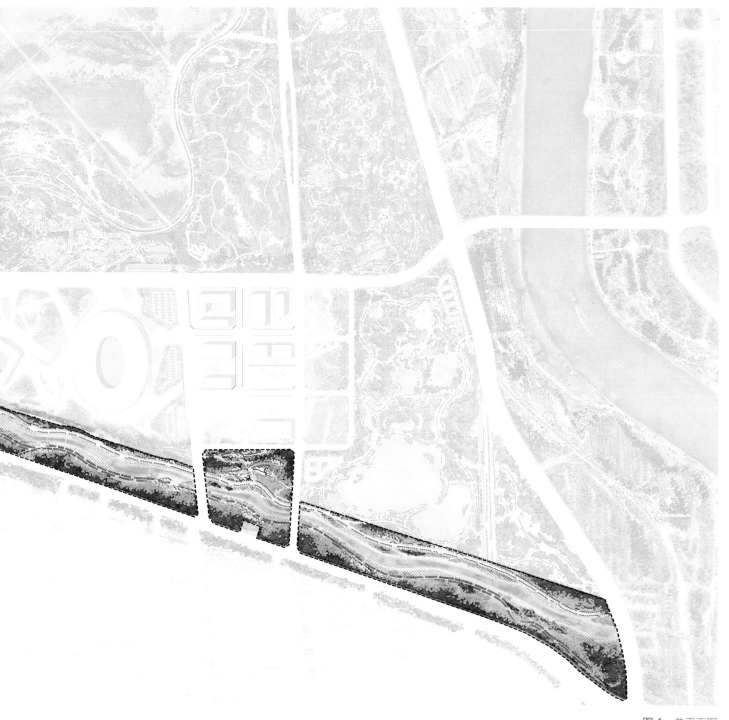

图1　总平面图

二、破题："灰色地带"的重生

1.重塑水韵林海

"水"乃"林"之母，玉带河东支沟的河道设计既要符合上位河道的分洪需求，达到足够的行洪断面，也要尽可能保持自然的形态，变直为曲，形成层次丰富的景观视廊。更为重要的是，我们希望通过设计东支沟河道重塑林水相依、蓝绿交织的场地空间肌理。因此统筹整理现状条件，使河道蜿蜒穿过场地，有效规避高压塔杆等市政设备，塑造两岸优美的缓坡地形，形成游人系统与市政设施的有效隔离。同时保留现有高大林木，结合多彩林带和丰富的滨水植被，构建玉带花溪、彩林叠翠、林海漫步等多

处景观节点，重现"水韵林海"的美景。

2.重建生态廊道

玉带河东支沟片区的设计中，我们不仅注重优美景观的打造，同时也希望通过植被、水体等生态性结构要素的科学重组，修复现有植被群落，构建一条适宜动物和鱼类迁徙、生存的生态廊道。用以保护绿心生物多样性、过滤污染物、调控洪水等生态服务功能。

保留部分高大乔木，间伐过密林木，梳理中下层植被，打开林窗，打造树冠连续、低干扰的林间空地，大坚果类、翅果类植

图 2　玉带河东支沟航拍图

图 3　玉带花溪河岸
图 4　林荫拾趣 1

图 5　林荫拾趣 2
图 6　儿童活动区鸟瞰效果图

物的比例增加至 30%，营造适合灰松鼠等小型哺乳动物的栖息地以及鸟类的筑巢地。打造食源植物丰富的灌丛、形成郁闭度适宜的复层群落，营造适合鸟类的觅食地。通过乡土花卉混栽或混播，为蜂蝶提供蜜源的同时，形成有明显季节变化、色彩变化、种类丰富的高草地被植物景观。

　　河道两岸构建水域和陆地间的过渡带，增加河道的断面形态，形成深潭、浅滩相间的弯曲河道形态，其中浅滩适宜水生昆虫及附着的藻类等多种生物栖息，深潭适合鱼类休憩、幼鱼成长，也是鱼类良好的越冬地点，最终形成适宜物种生存、繁衍的丰富自然生境，保障河道及周边生态系统的完整性和多样性。

3. 重构活力功能

结合上位规划，东支沟片区重点面向绿心南部的居住及工作人群，从京津公路方向引导游人进入绿心。基于游人需求分析，我们着力进行活力空间的重构，重点建立东西连通的林荫道路系统以及适宜不同年龄儿童活动的互动性游乐场地。

林荫道路系统沿东支沟河道东西延伸，形成景观化的巡河路体系，采用快慢分幅的园路模式，中央分隔带及两侧绿地有效形成全林荫覆盖，极大提高游人舒适度，有助于最大效率保持公园的长期人气，京津公路沿线局部开口，与林荫路连通，建立跨河景观桥，打破原有封闭场地结构，形成内外连通。

互动性儿童游乐场地集中在片区东西两处，形成一定规模且有不同游乐体验的活动空间，以森林童趣为主题，结合海洋、森林、沙丘等不同自然要素为故事线，形成城市绿心森林公园里最大、最集中的开放性游乐体验区，并着力打造多个趣味型节点。

（1）戏水谷

在茂密的森林中打造一处石滩溪谷，用平整安全的仿石材质模仿自然中水的旅程，水从高处顺势跌落，经过狭窄场地形成水渠，通过宽阔场地形成浅湾，水流的碰撞形成波浪、漩涡、涟漪和大小不同的水花。整体场地以"大章鱼"的形态呈现，小朋友可以踏着章鱼的触角，利用固定式喷水枪相互喷水玩耍，近距离观察水的多种自然形态，以人工的手法模拟自然中的片段，让小朋友参与其中，加强感知。

（2）乐沙园

以"红、黄、紫"三色交织形成场地色调，缀以太阳、月亮和星星，形成奔跑园丘，丘下布置沙地，内设攀爬架、跷跷板和小木马，以沙地"微探险"为特色，引导小朋友通过攀爬触摸来探索世界，感知活动的乐趣，在游戏中学习成长。

图 11 欢游园 1

图 12 欢游园 2
图 13 欢游园 3

（3）欢游园

　　森林里的小小天地，是自由奔跑、嬉戏玩耍、天马行空的乐园。这一节点重点考虑低龄儿童的使用，为家长的陪伴提供舒适的林荫空间，陪伴小朋友在摇荡秋千、攀爬木屋、旋转摇椅等游戏互动设施中玩耍游乐。

三、思考：设计特色

1. 自然本底设计

在森林基底的打造上，以近自然生态林为主，风景林为辅，基于森林动物栖息生境营造植物群落，打造低维护的森林、湿地与草地空间。在森林结构布局上，最大限度地模仿自然林地构成，其中生态林占比 87%，包括复合式生态林、通透式生态林、林窗灌丛、林窗草地、高草地和湿生水生植物等多种类型。景观林占比 13%，包括自然风景林和低草地等。

我们在设计过程中并不满足于仅提供一个适宜的绿色空间，

而是通过有序的引导让游人结合形、声、闻、味、触五感去更亲密地接触自然。

2. 边缘层设计

西方著名的心理学家德克·德·琼治（Derkde Joge）提出了著名的边界效应理论：森林、海滩、树丛、林中空地的边缘地带相对于旷野和滩涂是人们更加喜爱逗留的区域。玉带河东支沟片区便属于绿心森林公园的边缘层区域，是城市和绿色空间的衔接地带，也是使用及参与度最高的活动空间之一。

图 14　雨水花园 1　　图 15　雨水花园 2
图 16　银红叠翠 1　　图 17　银红叠翠 2
图 18　银红叠翠 3

图 19　绿心分析图
图 20　绿心区位图
图 21　绿心鸟瞰图

边缘层是超大型绿色空间中土地利用方式最为多元的区域，是与城市积极共享开发的边界，也是融合周边城市空间，与城市功能和市民需求整体规划考虑的区域。在绿色空间中，边缘层作为将自然与城市两个功能和特性不同的空间或场所的沟通媒介，具有异质性、复杂性和层次性，其内在的物质信息的密度和多样性、空间的吸引力和活动强度都要远高于内部。

3. 弹性边界设计

在玉带河东支沟片区设计中，我们利用水位消落构建弹性游览系统，在保证主体园路系统不受到最高水位影响的同时，不同强度的排涝蓄洪水域边界对应不同层次的园路及停留场地。

重塑水韵林海，构建安全蓝绿布局　　重建生态廊道，延续绿心多元生物栖息环境　　重现最美彩廊，营造沿河多彩景观界面

图 22　旱溪探索

图 23　霜叶彩廊 1
图 24　霜叶彩廊 2

四、结语

　　在城市绿心森林公园约 550 公顷的设计范围内，虽然东支沟片区地处"边缘"，也是限制条件最为复杂的区域，在设计与建设过程中有不断的反复、碰撞、退让，也有过各种懊恼悔恨和遗憾，但也正是因为这样特殊的场地特征，使东支沟段片区获得了更多别样的精彩。

　　临近开园的一个早上，设计团队站在河边远眺，此刻的画面里，前景是倒映着天光的河水，后面是优美的地形和渐红的银红槭，背后是盛放的花海，两年来的混杂场景已在记忆中模糊，"灰"变为"多彩"，场地真正实现了重生。

蓝绿景观创造幸福空间
——北川新县城绿化景观带设计

BLUE-GREEN LANDSCAPE CREATES HAPPINESS SPACE
Beichuan New County landscape green-belt Design

项目区位：**四川省绵阳市北川县**

项目规模：**220 公顷**

起止时间：**2009 年 2 月～ 2011 年 5 月**

业主单位：**北川县人民政府、山东援建指挥部**

项目类型：**滨河带状公园**

一、缘起

2008 年 5 月 12 日，汶川特大地震对北川县城造成重创，国务院决定异地重建。在北川新县城建设过程中，永昌河、安昌河、顺义河、新川河、云盘河、蒋家河等六条绿化景观是落实新县城绿地系统规划的重点，也是新县城生态环境和户外游憩的主体。这项工作由中国城市规划设计研究院牵头，联合北林地景设计院、中国风景园林中心，开展了一系列的规划设计工作，并由山东各援建地市及华西集团进行施工建设。项目于 2009 年 2 月启动方案设计，7 月开工建设，并于 2011 年 5 月全部实施完成，历时 2 年 3 个月，建设绿地总面积约 220 公顷，如今进入北川新县城首先映入眼帘的就是由这六条景观带所形成的优美的绿色空间。时光荏苒，九年时间过去了，这些景观带无论在功能使用和景观形态上都进入了一个相对稳定的状态，此时回顾总结当年的规划设计施工，对照今天的使用运行维护，是一件很有意义的工作。

二、总体设计

北川新县城规划提出"绿色先行"理念，把绿地景观作为城市重要的基础设施之一，放在灾后重建的优先地位。新县城园林绿地系统规划按照国家生态园林县城的标准，遵循"尊重自然、方便使用、突出生态、展示文化"的原则，在充分利用自然山体、水系的基础上，构筑"一环两带多廊道"的绿地空间结构，其中依托永昌河、安昌河、顺义河、新川河、云盘河、蒋家河等六条河流的景观绿带则是这一结构的主体。如何落实总体规划要求，设计建设好这六条绿色景观带，是摆在项目组面前亟待解决的问题。经过详细的现场勘察和座谈走访，项目组在设计之初形成了以下几点总体共识。

首先，北川新县城不同于一般的城市，它是整个灾后重建中唯一一个"异地新建"的城市。城市居民来源于两部分，一是北川老县城的"受灾群众"，一是新县城基址上的"原住居民"，

安昌河东岸滨河绿带

永昌河景观带

马鞍山

陈家包

云盘山

红岩子

新川河景观带

云盘河景观带

安北大道景观绿带

齐鲁大道景观绿带

圆包山

火山

大石鹎

塔字山

小石鸭

大石包

狮子岩

图例

县级公园
社区公园
绿化广场
带状公园
交通环岛绿化
重要道路绿化
生产绿地
防护绿地
外围防护绿地
新县城外围主要山体

0　　1000m　　2000m

图1　主要景观带位置平面图

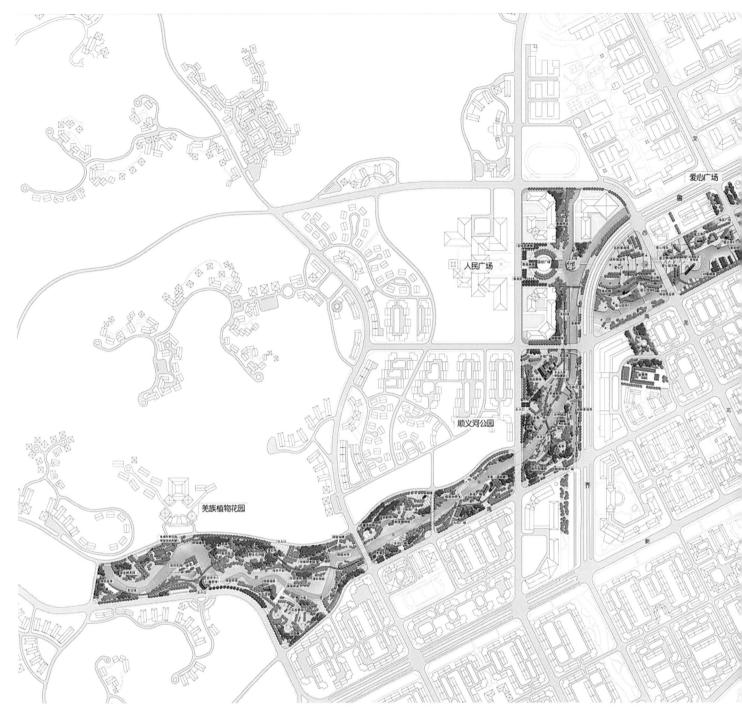

图 2 北川永昌河平面图

对于这两部分人群而言，一个共同之点就是他们都将面对一个新的"家园"，一个不同于他们以往生活场景和模式的家园。如何让他们尽快地适应这种新的环境，愉快而幸福地生活在这里呢？从设计上讲就是要创造有归属感和认同感的景观，需要解决好两个重点：

一是文化与记忆。对于民族文化元素的提取是规划设计中的关键，特别北川还是全国唯一的羌族自治县，因而景观的文化涵义更显重要，但是又不能简单地符号化堆砌，要使其形、神与所设计的地块功能相吻合，使之生长在景观地域之中。此外，保护好场地的景观遗存，并巧妙地融合于新的景观之中也非常重要，尤其是对于那些"原住居民"，这份记忆尤为珍贵，而这些场地的景观遗存，也将使这座完全崭新的城市具有历史的分量。

二是活动与交往。新县城的绿地景观绝不能够搞成形象工程，景观设计时刻需要考虑如何创造空间，如何培育交往，让北川新居民们尽快适应新的环境，在景观中感到方便、实用、满足，并以此产生一种幸福之感。而在这些新居民中有相当多的一部分

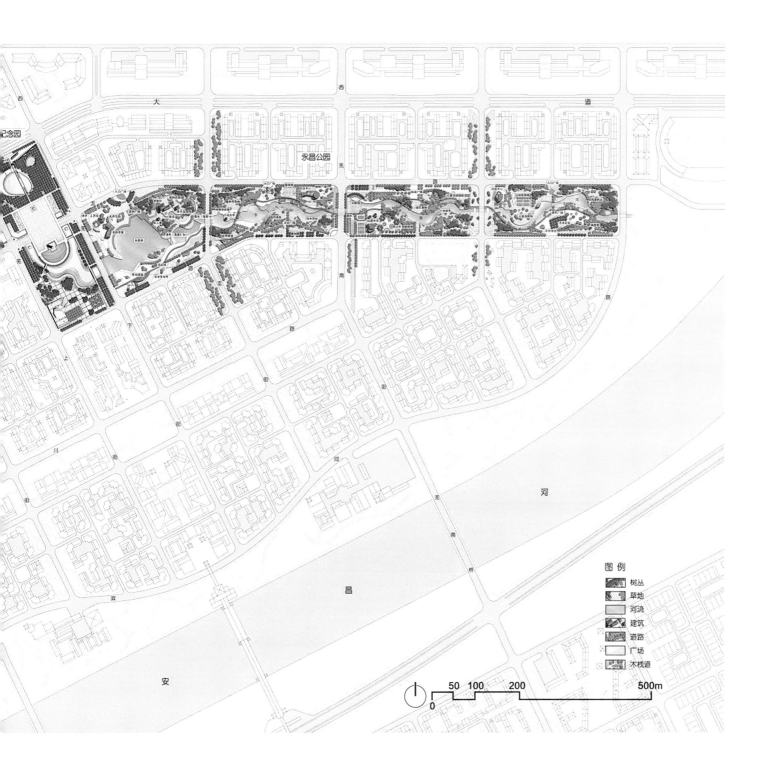

永昌公园

图 例
树丛
草地
河流
建筑
道路
广场
木栈道

0 50 100 200 500m

人是从未有过城市生活经验的，这些人如何使用景观则是需要在设计中特殊处理的问题。

此外，北川新县城场地环境十分优越，"群山环抱，一水中流"，特别是六条河流水系由南而北穿城而过，成为景观设计最可依托的自然生态要素。所以，水景观设计是个重点，北川是大禹的故乡，大禹治水是妇孺皆知、耳熟能详的中华历史故事。新县城景观设计需要重点解决好水景观设计问题，将城市水系景观塑造与城市防洪、城市雨水利用、水生态修复以及生物多样性保护等功能相结合，根据不同河道的功能特点和自然条件，进行不同的景观处理，以展现大禹后人的传承与创新，这是整个北川新县城园林绿地景观设计中具有独特文化意义的工作。

图 3 永昌河景观带航拍图 1

图 4　永昌河树阵广场
图 5　友谊园滨水景观

三、定位布局

北川新县城的六条绿化景观带因处于城市不同的地块内，周边的自然条件和城市总体规划赋予的功能定位不尽相同，因而景观设计在功能布局、空间塑造、设计手法、景观形态等方面也各具特点。

永昌河景观带北接自然山林，贯穿县城南北、串联城市各主要功能区域后，南接区域性河流——安昌河，是一条自然—城市—自然的过渡性绿带。景观带两侧以居住、行政办公、文化娱乐用地为主，与城市生活联系紧密，定位为以展现抗震精神、凸显地域文化、满足市民休闲的城市滨水景观带。

安昌河景观带以生态科普和运动健身为主要功能，强调滨河绿化的自然特征，突出乡土特色、低维护和大尺度整体植物景观，

为市民提供日常游乐、散步、健身的休闲场所。

新川河功能定位以城市景观休闲为主，同时兼顾雨水排水功能。景观带比邻城市主要商业街和居住区，规划以开放空间为主体，活动场地和步行场所注重与商业空间的对应，满足附近居民日常游憩和商业休闲景观需要。

云盘河景观定位为具有一定科普教育意义、浓郁生活气息、防护展示功能的绿色景观廊道。

安北大道景观带规划面积约 97.3 公顷。安北大道是位于新县城西侧的过境公路，设计定位为乡土田园特色的景观绿带，形成展示新城全貌的绿色廊道，同时承担防护功能和部分游憩功能。

图 6　永昌河景观带航拍图 2
图 7　道路系统与水系相互交织

图 8　具有地域文化的廊架 1　　图 9　具有地域文化的廊架 2
图 10　滨水步道　　图 11　林间小径

四、设计特点

1. 突出水景特色，打造北川云彩谣

北川新县城位于安昌河河谷盆地，场址上溪流灌渠纵横交错，6 条主要绿化景观带中有 5 条都是滨水景观带。景观设计巧于因借，围绕水作文章，将城市水系景观塑造与城市防洪、城市雨水利用、水生态修复以及生物多样性保护等功能充分结合，并根据不同河道的特点，在设计层面进行不同的景观处理，体现生态治水理念，使水景观成为新县城园林绿地的最主要特色。

（1）化水利工程为水景设计

虽然北川新县城场地原址水系丰富，但过去主要服务于农田灌溉，要成为城市景观，需要重新设置配套一系列水利工程，以适应城市水景水位稳定、水质清洁、防洪安全等要求。

引水工程作为新县城总体景观水系的重要基础支撑，是水系统处理的核心工程技术。在永昌大道北侧延东西方向设计了一条高架引水渠，承担从安昌河引水并向各条景观水系补水的功能。

引水补水突出利用自然之势，补水水量经过严密计算，巧妙保证各个河道水量的稳定，同时为两岸景观的营造打下了良好的基础。

为解决新县城内部城市景观水体与防洪排涝的矛盾问题，在永昌大道一侧，专门设计了与高架引水渠平行的顺义河，作为贯穿新县城南北的防洪河道。防洪水系与引水水系并排而行，但高差不同，形成了极富特点的水利工程景观。两条水系交汇处恰好位于新县城政府轴线的节点之上，设计通过一组高低变化的跌水景观巧妙处理高差，并形成了政府前庭及轴线的核心景观，将工程与美学完美结合。

在各条水系景观带自身的设计之中，也大量将水利工程设施与动态水景观营造相结合。设计巧妙利用地形地势与高差变化，沿河道布置了一系列的拦水、分水设施，既保证了不同季节景观河道水位的稳定，又形成了丰富的瀑布、跌水等动态景观效果。

图 12　永昌河友谊园航拍图 1

图 13　齐鲁风格的仿古建筑

图 14　石拱桥

图 15　记录新北川建设的影壁墙

图 16　永昌河友谊园航拍图 2

（2）生动自然的水景形态

相对于一般城市水景人工化痕迹过重的特点，北川新县城的水景设计充分融入区域的湖溪文化，结合生态修复与生态设计理念，打造多样化的自然水体景观形态，包括溪、涧、潭、湾、塘、湖、河、岛、渚、滩、湿地、水花园等，让自然融于城市。

新县城水景走向形成了多条天然观山通廊。设计通过远借山景，把新县城周边云雾缭绕的山景引入城市之中，山水一体，彰显自然之美。安昌河景观带南端设计柳荫溪谷景观，两侧斜坡地形夹景，柳树与水生植物强化了空间感与进深感，水系与植物形成的透景线，刚好将北侧层次丰富的山景引入园中，形成了一幅浑然天成的山水画卷。

根据防洪规划，不承担防洪泄洪功能的河道，在水景形态设计上尊重原有岸线的走势，进行适当调整，水系因循自然之理，婉转而行，或收或放，亦曲亦直，形成动态的、活跃的、艺术的水系统。

（3）充分发挥水景观的生态功能

水景观设计应用"海绵城市"理念，强调雨水的渗透、滞留，减缓洪峰，并形成自然水景。北川新县城的规划中重要的方面是对暴雨的管理，早在2009年规划建设之初，就在国内的城市中较早地应用了"海绵城市"的理念。通过技术措施使雨水在城市建成区中就地下渗，或者在流动的过程中一步一步地达到净化，如通过雨水花园、植被过滤带、沉淀池等。这种处理雨水的方式同时也可以减少洪峰的流量，减轻城市河渠的排洪压力，从而为城市河流的景观建设提供更大的空间。结合各条河道坡降，河道中设置多级跌水，形成多处较为开阔的平静水面，多级跌水亦形成丰富的自然水景观。充分利用地形组织雨水收集，在安昌河景

图 17　安昌河航拍图 1

图 18　连通山水的透景视线 1
图 19　连通山水的透景视线 2
图 20　连通山水的透景视线 3
图 21　连通山水的透景视线 4

观带设计旱溪景观，涵养水分，有水无水皆成景。

　　水景的驳岸处理也是水生态设计的重要方面。水系设计运用了多种生态驳岸形式，包括自然草坡入水、卵石驳岸、抛石驳岸、水生植物种植池驳岸等，利用驳岸的丰富变化展现水景的多样性。

　　羌族被称为"云朵中的民族"，今日的北川新县城各条河流清清倒映云彩，潺潺流淌不息，清澈的水体倒映着蓝天白云，形成美丽的云彩线，将古老的羌族风韵融化在无尽的清清河水之中。老人在水边讲述着过去的故事，孩子们唱着古老和新鲜的童谣。人们在河边幸福的生活，创造幸福的未来。

图 22 "羌红线"慢跑道路系统 1

图 23 "羌红线"慢跑道路系统 2　　图 24 "羌红线"慢跑道路系统 3
图 25 "羌红线"慢跑道路系统 4　　图 26 "羌红线"慢跑道路系统 5

2. 突出文化造景，传承乡愁记忆

北川新县城作为统一规划的羌族特色县城，在重要公共建筑、市政桥梁、商业街区等地标性区域已通过多种显性方式充分展示羌族文化。与此不同，园林景观作为北川新县城中与市民休闲生活关系最为紧密的公共空间，其文化展示方式主要为文化内涵与空间场所的融合、与百姓生活的结合。

（1）挖掘北川羌族文化神韵，融入园林景观空间

将民族文化写实或抽象化的表现在景观设计上，可加深当地人们的归属感及认同感，使民族文化得到继承与弘扬。对于民族文化元素的提取是规划设计中的关键，是使其形、神与所设计的地块相吻合，使之生长在景观地域之中。各条景观带的设计以巧妙构思将羌族文化进行了表达。

"羌红"是羌族的哈达，热情的羌族人以羌红来欢迎贵宾和感谢恩人。在永昌河景观设计中将羌红引申设计成了贯穿景观带的主游路，形成红色的飘带状的"羌红线"慢跑道路系统，也是特色民族文化飘带。羌红线沿永昌河全长约 3.7 公里，平均宽度 3 米，串联永昌河景观带的 14 个地块，临河岸线而建，是主导绿带的主要景观线和游览路。为保证羌红慢跑路的畅通，在设计之初就将带状园林绿地做整体下沉式处理，在与市政桥梁相接处，预留了桥下通行空间，保证慢跑道路系统的独立连续，避免了市政交通的干扰，同时也将市民的休闲运动与园林景观、城市河道、羌族文化完美结合起来。鲜明的羌红线表达了羌族人民对所有为北川新城建设作出贡献的人们的崇高敬意，也是对羌族儿女自身坚强不息精神的颂扬。

在安昌河东岸景观带中设计了由羌族的传统乐器——羌笛引申创意的羌笛广场，借河道之风吹响这排列的羌笛，表达出北川人民"声声颂党恩"的心声。广场周边配植杨、柳、樱花等植物，以春景展现"羌笛何须怨杨柳"的空间意境，广场一侧的雕塑墙篆刻了羌族独具魅力的文化故事。

新川河景观带设计为现代的城市商业活动空间，羌族特色的片石驳岸贯穿南北，羌族特色符号以散点形式分布于铺装、景墙、廊架、花池、树篦之中，在视觉和空间感受上营造出场所的归属感和认同感。以"羌绣"为主题的铺装系统，体现羌族服饰特色；以羌族图腾花纹为装饰的树篦子、花池腰线等在细节上表达羌族文化，形成现代与传统结合的独具特色的景观设施。羌族特色的符号、图腾纹样的应用表达羌族人民对真、善、美及爱心

的宣扬。

（2）保护地域特色，传承记忆乡愁

地域的记忆元素是丰富的。设计之初，设计师对各条景观带的众多场地原生物在规划设计中进行梳理，将基址中的现状河道、水塘、水渠、水闸、乡土树、道路、桥梁、乡土建筑、生产物品、生活物品等在景观带予以保留、再生与提升，以延续场地文脉精神，并赋予新的景观和功能属性，使场地文脉得以延续与再生，形成新老融合的乡土文脉体系，为震后北川人民留下一片乡土记忆。

设计针对不同地域元素的特点特质，采用了异地重置、原址保护、功能置换、情景再现等多种设计方法。

异地重置：新县城选址处于水网纵横区域，老河道上分布了

图 27　湖畔休闲广场航拍图

图 28　永昌河景观带航拍图 3

图 29　林间自由穿梭的活动场地 1　　图 30　林间自由穿梭的活动场地 2

图 31　林间自由穿梭的活动场地 3　　图 32　林间自由穿梭的活动场地 4

多座具有文物价值的古桥。在建设过程中，设计师对每座古桥、每块石材都进行了仔细的编号处理，并将其统一搬迁至永昌河上游羌族植物园之中，打造承载地域记忆的桥园。结合蜿蜒曲折的河道重新布置的石桥，掩映在自然的山林环境之中，再现了植根于这片土地的独特场景。目前，搬迁后的石桥已被列为四川省级文保单位，乡土记忆在翻天覆地的建设中得以留存。

原址保护：规划对新县城基址中的树木全部保留，将其移植到永昌河、安昌河景观带之中，使绿色的生命得以永续，地域生机得以延展。设计构思将每户的树木均挂牌，立石记刻，人们可以到绿地中寻找曾种在自家院中、田间的树木，关注其生长，重温生活的故乡。

功能置换：安昌河景观带南侧选址位于一片鱼塘之上，设计师在现场从挖掘机下抢救下了为数不多的鱼塘基址，并结合周边环境进行现场设计，将破旧的鱼塘化身为空间丰富的乡情花园，保留了地域记忆与乡土文脉。

情景再现：利用乡土材料、乡土植物营造的乡土景观也是安昌河的特色之一，通过斑驳石墙与乡土植物的搭配组合，再现了菜园、院坝、果园等原生乡土景观。

此外，设计还将永昌河景观带中原有民居改造为茶室，保留村民在农业生产所用的石碾、石磨作为公园小品，选择性保护原有河道的亲水台阶。通过景观设计留存在绿地中、河流上，保护了地域的乡土文脉，以多角度、多层次、多元素的景观表现手法将地域文脉在景观带中进行表现和传承，融入绿色之中，留下了属于这片土地的乡愁。

图 33　乡情花园航拍图

图 34　由鱼塘改造而成的乡情花园 1

图 35　由鱼塘改造而成的乡情花园 2

图 36　由鱼塘改造而成的乡情花园 3　　图 37　由鱼塘改造而成的乡情花园 4

图 38　利用乡土材料建成的廊架 1

图 39　利用乡土材料建成的廊架 2

图 40　利用乡土材料营造跌水景观 1

图 41　利用乡土材料营造跌水景观 2　　图 42　利用乡土材料营造跌水景观 3

（3）尊重文化习俗，做到人民共享

北川人民是热爱生活的，固有的生活习俗和气候条件使得当地人习惯和喜欢在户外活动、休闲和休息，随处可见的快乐的锅庄舞象征人们对生活的美好和对未来的期望。在各景观带规划设计了各种类型、各种大小活动场地，满足当地居民的文化生活习惯，结合不同活动所需场地空间形式的不同，有机分布于各处景观带之中。

各类活动场地结合艺术创作中展现传统乡土生活场景，突出浓郁的地方特色和地方民俗、节庆特点。设计的各类活动场地满足了人们生活、活动的需要，增强了人们的睦邻友好关系。利用场地内保留的老建筑，将其改造成为社区文化活动中心，其原始的院落式形态以及建筑与院落共同构成的活动空间，更加符合当地居民的生活习惯，也成为百姓休闲聚会活动的场所。

图 43　当地河卵石组成的旱溪景观

图 44　台阶与特色坐凳相结合　　图 45　安昌河东岸湿地景观

图 46　运用丰富的乡土植物

3. 突出生态设计，保证绿地低维护

（1）保护乡土植被，科学设计植物群落，建立地带性自然生态系统

久居这片土地的人们在田间、路边、山上、水畔、房前屋后栽下了众多树木，挺拔的乡土树护卫着这片土地，以持久的生命力见证着变化与发展。

规划设计对基址中的树木选择性地进行了保留，将城市建设用地中的树木移植到景观带之中，大面积的乡土树将快速立地成景形成景观立体骨架，同时因其对这块土地的适应性迅速构建自然乡土生态系统。人们也可以到绿地中寻找曾种在自家院中的树木，关注其生长，重温生活的故土，这也是地域生机的延展、乡土记忆的永续。

（2）充分运用乡土材料，打造可持续景观

可持续景观的设计本质上是一种基于自然系统自我更新能力的再生设计，包括尽可能少地干扰原生的自然系统，尽可能多地使已被破坏的景观恢复其自然再生能力，最大限度地借助于自然再生能力而进行最少干预，对现有资源的有效保护与可持续利用等，在此基础上营造富有地域特色的绿地景观。在对人文过程的影响上，可持续景观体现出对文化遗产的珍重，维护人类历史文化的传承和延续，体现出对人类社会资产的节约和珍惜，创造出具有归属感和认同感的场所，提供关于可持续景观的教育和解释系统，改进人类关于土地和环境的伦理。

北川新县城景观带的可持续景观设计主要体现在以下三个方面：

首先，强调节约使用能源。根据北川新县城的气候、水文、地形特点，规划设计重点研究了如何与能源节约的结合。绿地中大量采用节约能源的照明设施，利用自然地势疏导水流形成水景观，尽可能保留场地的植被，应用地方植物，在非集中活动区大量应用地被和非修剪草坪，营造低维护园林景观，极大地减少了对室外园林的日常维护，降低对能源的消耗。

其次，绿地内园路、广场、小品设计中尽可能利用当地材料，回收利用旧材料，采用可渗水铺装。设计充分应用地方材料、地方树种，体现地域特色，降低成本。苗木选择以应用当地的乡土树种为主体，保障了苗木成活率和气候适宜性，也做到了经济性。新县城是在拆迁用地中的八个村庄的基础上重建，在拆迁之前即对可利用的材料进行统计，有机地利用拆迁所产生的石、砖、瓦等组合营造新的景观；利用当地材料，如稻草、卵石等，营造地域性景观。公园硬质铺装及景观构筑物的主要材料大量应用当地具有丰富色彩的砂岩和河卵石，降低造价，便于日后维护。铺装场地和道路采用可透水的铺装材料、可透水的铺装施工工艺，降低地表径流，减少场地的雨水排放量，降低市政管网压力。

图 47　带有羌族特色的符号、图腾纹样的景墙 1

图 48　带有羌族特色的符号、图腾纹样的景墙 2

———

图 49　带有羌族特色的符号、图腾纹样的坐凳小品

五、结语

北川新县城的园林景观规划设计在保护现状地域特色、充分挖掘羌族民族文化特色的前提下，坚持保护资源、生态优先、因地制宜、科学布局的原则，利用各种生态可持续设计手法，营造了富有地域特色的综合性城市生态景观。建成的各处绿地景观林木成荫、碧水中流，树立了城市新面貌，增强了灾区人民建设新家园的信心，有力地促进了北川灾后重建工作的顺利推进，弘扬了抗震精神和人间大爱。

"坐与潮汐争咽喉"
——三亚市两河及丰兴隆生态公园

"COMPETING FOR THE THROAT OF THE TIDE"
Sanya Fengxinglong Ecological Park

项目区位：**海南省三亚市**

项目规模：**510 公顷（丰兴隆公园 9.54 公顷）**

起止时间：**2015 年 8 月 ~ 2016 年 9 月**

业主单位：**三亚市住房和城乡建设局**

项目类型：**生态公园**

一、缘起

1. 潮汐城市的母亲河

三亚这座城市发源于临春河与三亚河两河，历史上的三亚两河原是群山环绕中的水清草绿、红树丛生、白鹭成群的城市母亲河。潮汐河的特殊水体特征，使两岸红树林成为两河最突出的标志。三亚是个"潮汐城市"，它仿佛一直在两个世界更替轮回：旅游旺季淡季、雨季旱季、候鸟迁徙季、昼夜温差等都如潮汐河一般此消彼长，随着城市"双修""双城"建设，三亚越来越需要一个顺应季节、昼夜、潮位变化，满足生态保护、市民使用、旅游活动等功能的景观系统。

2. 生态咽喉

明代诗人傅汝舟的《登招山诗》中写道："招山不放海水过，坐与潮汐争咽喉。" 丰兴隆生态公园就是位于两河在中心城区的一处交汇处，多元的城市界面、充足的绿地空间、纷杂的生态矛盾，使之成为三亚河流整治修复的"生态咽喉"。随着三亚城市建设扩张，两河逐渐由自然的河道变成城市中的半人工河道。在这个过程中，人们不断地改造着两河，在三亚城市高速发展的进程中，两河不可避免地出现了严重的生态问题，红树林遭到大量破坏、滨水绿地空间支离破碎、城市违建侵占绿地、沿河道路不通、污水直排河道等情况随处可见。丰兴隆生态公园作为两河最先启动修复建设的示范段工程，选址从生态效益、公共空间、交通组织等多方面考量，希望将公园的生态效益发挥到最大，以带动后续城市生态修复工作。

荔枝沟路

迎宾路

凤凰路

金鸡岭

临春岭

凤凰岭

凤凰路

鹿回头广场

鹿回头

大东海广场

图 1　总平面图

二、总体设计

1. 总体规划理念

城市生态之脉，水上森林之河，浪漫休闲之岸，活力健康之廊，生态示范之带

政府将项目定位为兼具游览观光、市民休闲、生态科普功能的综合性城市公园。韧性景观设计旨在为市民提供与自然和谐相处的空间，并为干旱、洪涝、城市热岛，以及生物多样性缺失等问题提供解决方案。利用生态智慧来协调人与河流的关系，以红树林带等珍贵生态资源为依托，强调海绵城市理念的运用，通过对河岸空间的重新梳理整合，打造"生态、亲切、活力、浪漫"的城市绿色生态走廊，使三亚母亲河重新焕发活力。

活动空间

市民： 市民活动主要集中于下游几处集中绿地，上游河道利用较差。

游客： 现状河道缺乏为游客设计的活动游览设施。

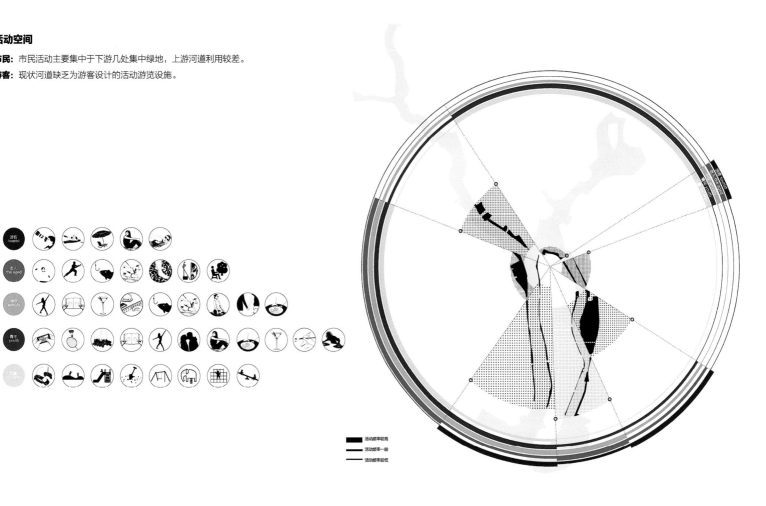

图2 鸟瞰效果图

图3 市民活动空间分析图

2. 设计模式："潮汐"——变化的景观

时隐时现的游线设计考虑到候鸟迁徙栖息因素，定期开放或关闭，减少对鸟类栖息的影响；因时而动的公园绿地功能设计满足不同人群的使用需求，旅游淡季主要为市民服务，旺季则可满足游客游赏需要；绿地空间在台风暴雨时期也可作为临时下凹绿地，起到蓄滞雨水的作用；昼夜变化的景观设施设计符合三亚昼夜温差较大的特点，白天具有遮阳喷雾功能，晚间则成为夜景照明的主要节点。

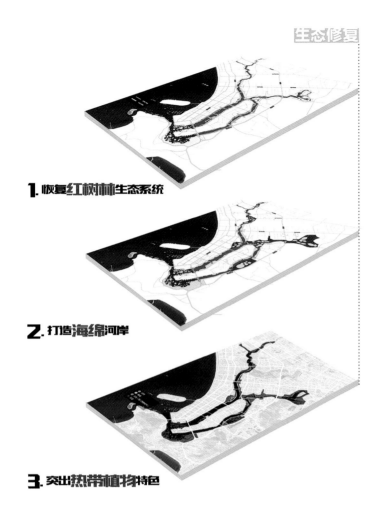

1. 恢复红树林生态系统

2. 打造海绵河岸

3. 突出热带植物特色

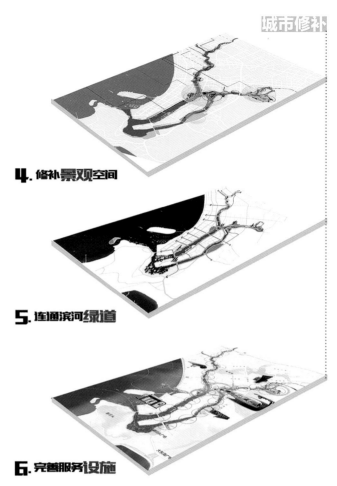

4. 修补景观空间

5. 连通滨河绿道

6. 完善服务设施

记忆广场　生态公园

雨林花园

儿童乐园

图 4　六大规划策略

图 5　丰兴隆公园平面图

图 6　丰兴隆雨水策略图

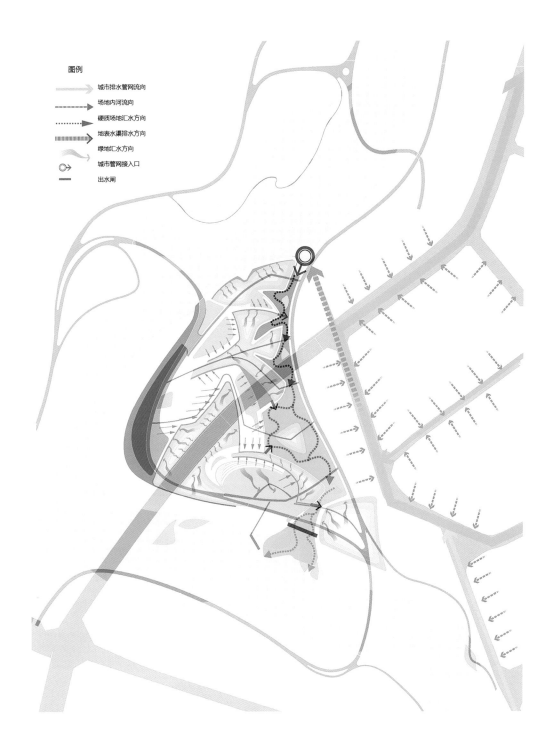

图例
城市排水管网流向
场地内河流向
硬质场地汇水方向
地表水渠排水方向
绿地汇水方向
城市管网接入口
出水闸

3. 主要设计策略

（1）水处理系统与生态水景相结合：水净化处理与循环系统是公园生态设计的核心。结合水净化处理与循环系统的处理流程和工程构造形态，将其转译为与公园整体景观相融合的生态水景观序列。

（2）驳岸修复与红树林生态系统恢复相结合：设计通过生态驳岸改造、亲水空间设计、红树林补植，使红树林生态系统兼具生态保护、科普教育、游览观光等多种功能。

（3）场地缝合与游赏体验相结合：由于场地原本的绿地被河道和城市道路严重割裂，设计提出建设一条完整的、不间断的步行绿道环廊系统，串联起滨河绿色空间，以形成丰富多样的游赏体验。

图 7　丰兴隆公园航拍图

三、生态修复理论的技术实践

在总体设计层面，设计师从修复红树林生态系统、打造海绵河岸、突出热带植物特色、连通滨河绿道、修补景观空间、完善服务设施六个方面着手，沿河建设一系列公园绿地，并提出了5条生态修复技术理念：①恢复红树林生态系统；②打造海绵驳岸；③体现热带植物的特色；④修补景观空间；⑤连通滨河绿道。理论的落地需要方向与之高度契合的项目加以实践，而位于规划地块内两河交汇处的丰兴隆生态公园就是最优的选择。该地块的技

术实践分为3个主题：

1. 水环境系统修复与海绵设施建设相结合

对丰兴隆公园周边32公顷的城市建设用地内的水资源、水环境与水安全问题进行研究，建立雨水处理系统及景观河道水质、水量保障体系。

生态海绵设施的应用与示范：丰兴隆生态公园作为海绵城市的重要示范点，设计过程中充分考虑雨水分区收集、利用的设计

图 8　细节丰富的滨水广场

————

图 9　穿越公园的丰兴隆大桥

方法，结合树枝状的路网与水网，布置多种海绵设施，实现海绵设施全覆盖。

合流制溢流污染的生态处理：在两河整体的海绵系统之下，公园内的海绵设施重点采用景观化的手法解决河道水体污染的问题。设计具有净化功能的雨水净化系统，处理因城市管理及管网建设不全造成的合流制溢流对河道水体的污染。

适应三亚特殊气候条件的水调蓄循环系统建设：三亚雨、旱季分布极其鲜明，旱季水分蒸发量极大、雨季降水集中。为长期保证园内的水质、水量，结合海绵设施建立一套水调蓄循环系统，将中水管网引入园内，同时通过景观化的工程措施，打造可以应对不同季节特征的水循环系统，体现了中水回用的理念。

图 10　种植本土植物的中心广场 1
图 11　种植本土植物的中心广场 2

图 12　草坪剧场 1
图 13　草坪剧场 2

2. 复层植被群落系统的构建，红树林生态系统的恢复

针对现状不同驳岸的用地条件，采用不同的恢复措施，同时结合景观游览组织，打造集生态保护、科普教育、游览观光等功能于一体的红树林生态系统；通过对滨河滩地的塑造，营造适宜红树林生长的环境，根据水体的含盐量，确定红树林的种植种类；部分地段结合景观设计，形成岛状形态，木栈道穿插其中，将生态恢复与景观游览有机结合。

乡土植物群落的构建：在植物种植上突出热带地区植物的特色，以"浓、密、荫"的复层种植形式为主，选用当地乡土树种，棕榈科植物与阔叶乔木搭配，灌木地被密植；突出打造主题性的植物空间，以兰花作为主要品种，多种花卉混合搭配，形成特色兰花园；在临春河西岸设计雨林花园，通过小空间精细化种植，打造特色城市雨林景观。

图 14　丰兴隆公园与两河四岸生态景观

图 15　中心草坪

3. 人性化场所的打造，环形步行桥串联，缝合破碎空间

设计一条完整、不间断的步行绿道环廊系统，串联起被河道和城市道路分割的绿地空间，构建人性化的游览组织系统。设计三亚"美丽之环"步行桥，串联包括丰兴隆公园在内的两河交汇口的多处绿地，步行桥全长 2700 米，分为空中栈桥、水上栈道、园路、建筑屋顶四种形态，变化灵活；将河口绿地合理串联，游人可高处远眺，可林间漫步，可沿水而行，创造丰富的游览体验；

考虑三亚气候炎热，步行桥过水部分设计遮阳棚，并种植了攀缘植物，配备了喷雾设施以及夜景照明设施。

符合地域特色的人性化设施设计：结合三亚旅游旺季与淡季分明的特色，设计可满足不同功能的"潮汐模式"景观，同时考虑三亚常年高温、日照强烈的特点，公园设计充分考虑了遮阳、降温设施的布置。

图 16　景观桥 1
图 17　景观桥 2

图 18　景观桥 3
图 19　覆土服务建筑屋顶廊架 1　　图 20　覆土服务建筑屋顶廊架 2

图 21　覆土服务建筑细部 1　　图 22　覆土服务建筑细部 2

图 23　滨水广场

图 24　观景平台与游人

图 25　水边栈道

图 26　特色景观灯

图 35　生态屋顶 1

图 36　生态屋顶 2　　图 37　生态屋顶 3

图 38　生态屋顶 4

图 39　生态屋顶 5

四、感言

2016 年年底，丰兴隆生态公园开始了为期半年的试运行。试运行结束后，水系水质基本达到 Ⅲ 类水平，化学需氧量、氨氮、总氮、总磷等指标均明显降低。4 年的时间里，它渐渐地变成了三亚人最好的伙伴，街头巷尾，总有人在谈论着"公园的鸡蛋花开了""公园里又住进了新的小鸟"这样有趣的话题。直至今天，这块及时的"城市海绵"仍然在三亚城市双修的进程中起着关键

性的作用，就如同它扼住两河交汇口的地理位置一般，它的重要更展现在两河流域的生态体系中、在周边居民的美好生活中、在魅力三亚的公园城市建设中、在陆续迁徙来的小动物的家园中……公园的设计从来都不仅局限于公园红线内的排兵布阵，它更像是在一幅锦绣山河的宏大图画中，去绘出最浓墨重彩的那一笔。

寓情于景
——贵安新区月亮湖公园规划设计

BLENDING LOVE WITH SCENERY
Gui'an New District Moon Lake Park Planning & Design

项目区位：**贵州省贵安新区**

项目规模：**468 公顷**

起止时间：**2013 年 12 月～ 2020 年 4 月**

业主单位：**中交贵州海绵城市投资有限公司**

项目类型：**综合公园**

一、缘起

位于贵州省贵阳市和安顺市之间的贵安新区是国务院批复设立的第八个国家级新区，定位为"山水之都 田园之城"。月亮湖如一颗晶莹的蓝宝石，静静地镶嵌在贵安新区绿色大地上。月亮湖公园规划总面积约为 468 公顷，其中，水体为原场地内的小型水库，面积约 143 公顷，陆地面积约 325 公顷。公园位于新区马场河水系与车田河水系的交界位置，是贵安新区环城水系的核心枢纽，起到承接上游水体，送水于下游的关键作用。以广袤的月亮湖湖面为核心的月亮湖公园，位于贵安新区的核心区，是贵安新区的山水生态之窗，也是贵安新区公园绿地体系中的核心，将成为新区的生态地标和文化高地。

二、总体设计

1. 设计定位

月亮湖公园是贵安新区的大型城市中央公园，设计依托于月亮文化内涵，本着"天人合一 以文化境"的设计理念，在营建公园自然生态环境的前提下，将月亮文化的哲学内涵、审美内涵、科学内涵融入园林景观空间，使之成为中华文化自信时代的文化名园。

2. 规划设计结构

月亮湖公园规划设计结构为：一湖邀月，双路成环，四区互调。月亮湖公园以湖体为核心与重点，展示自然山水风貌。月亮湖公园园内交通主要由环湖景观路与亲水漫步路组成。

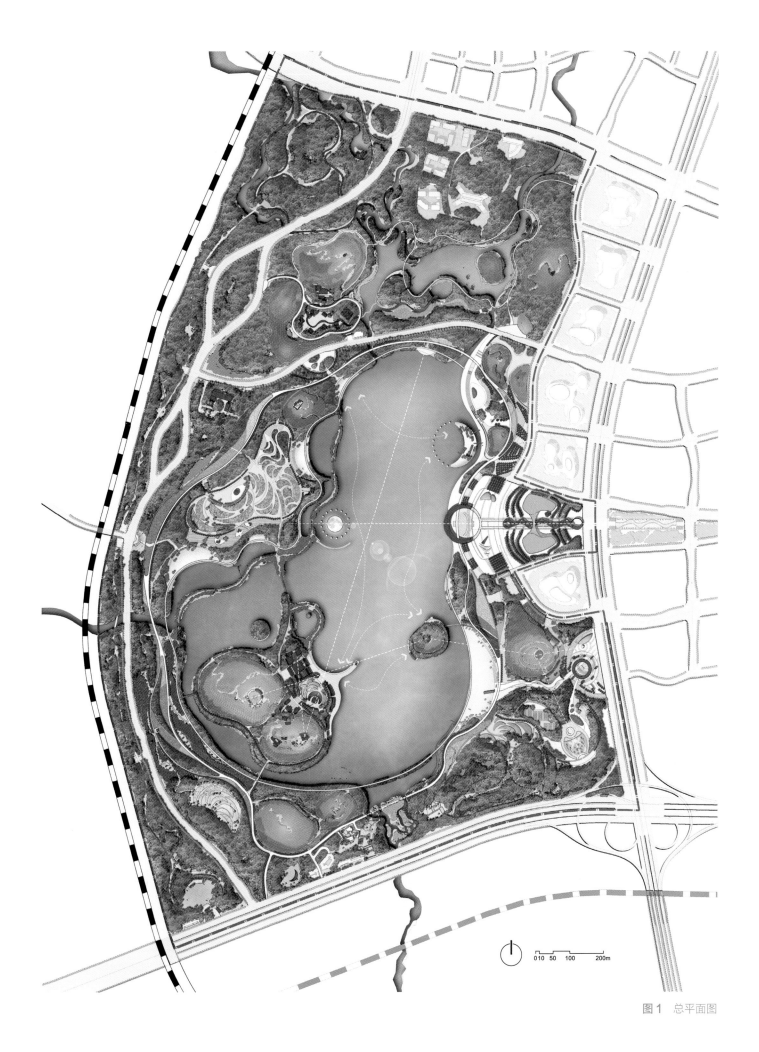

图 1 总平面图

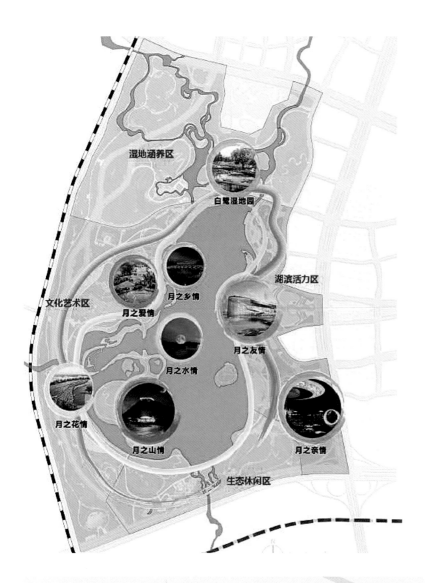

湿地涵养区

白鹭湿地园

文化艺术区

月之乡情

月之恋情

湖滨活力区

月之友情

月之水情

月之花情

月之山情

月之亲情

生态休闲区

多彩大道　月华山　　　　东岭山

环湖步行路

月亮岛

玉辉山　金蟾山　　　　　玉镜岛
　　　银蟾山　　水上游线　　　　月华山

东岭山

图2 月之七情布局图

图3 空间结构图

图4 全园鸟瞰效果图

图5 月之爱情——织锦花田

图 6　月之友情——友月广场 1
图 7　月之友情——友月广场 2

图 8　月之友情——月光剧场
图 9　月之友情——友月广场 3

　　环湖景观路串联公园主要景观，也是公园的环形主路，采取"5+3"的形式，其中 5 米是电瓶车和游人游览路，3 米是自行车绿道，并与城市绿道相连，形成内外一体的绿道体系。亲水漫步路均为近湖面而行，游人可近距离的亲水、观山、观月。沿路设有水景和休息设施、场地、码头，是轻松休闲的路线，游人可漫步，可驻足，可吟诗，可作画，尽得湖山意境。四区根据周边城市功能设计，结合湖景资源特点，各区景观有所不同，但共融于月亮湖山水景观环境之中。

三、对不同类型设计学命题的研究：寓情于景

公园确定以月亮文化为主题。于丹教授曾从"太阴之象"——月亮的哲学意味、"月光皎兮"——月亮的审美意象、"孤光自照"——月亮的人格意境三方面解析月亮文化，她认为，月亮是中国人的情感密码，是团圆、柔美、光明的象征，寄托着中国人对生活的美好向往。

经深入研究，月亮文化的核心思想与中国传统国学文化的精髓高度契合，其所代表的"包容、柔和、蕴藉、淡远、永恒"的内涵，与道家老子的核心思想"人法地，地法天，天法道，道法自然""以柔克刚"的文化内涵以及儒家孔子所提倡的"温、良、恭、俭、让"

的君子品德及含而不露、温文尔雅的理想人格完美融合。因此，在公园中以月亮文化为主题实际上是对我国国学文化的传承和弘扬。

公园研究甄选月亮所寓意、象征、寄托的情感，总结提炼为"月之七情"，即月之山情、月之水情、月之花情、月之乡情、月之亲情、月之友情、月之爱情。公园寓情于景将月亮所蕴含意境以我国优秀的园林艺术理法进行阐述表达，运用多元的空间形式、适宜的景观载体、园林美学的造景手法予以体现。

图 10　月之山情 1

图 11　月之山情 2
图 12　月之山情 3

1. 月之山情景区

　　月之山情景区以月亮岛作为载体。月亮岛依托原有山体傍湖而成，在岛上规划设计有月亮主题博物馆、庆霄楼、广寒宫和贵月阁。四组建筑依次由水畔至山巅因高就深，傍山依水，体量由重到轻、由实到虚。游览者由山脚月亮主题博物馆出发拾阶而上仰望山间明月，"雁引愁心去，山衔好月来"。及至山巅贵月阁俯瞰月满湖央，"湖光秋月两相知，潭面无风镜未磨"。在游赏过程中游目骋怀，游览者的视角不断变化之中，空间的层次也不断延伸。"仰观宇宙之大，俯察品类之盛"，于月亮岛上仰俯自得，使游览者由小空间进到无限广大的空间，激起了"江畔何人初见月？江月何年初照人？"的生命感叹与"人生代代无穷已，江月年年只相似"的人生感怀，追寻月亮淡远的内涵。

2. 月之水情景区

月之水情景区以月亮湖作为载体，环湖疏点布置景点的实景和湖面引领的虚空之间构成了丰富的层次，虚实结合，虚中有实，实中有虚。月亮湖宁静的水面烟波浩渺、水波不兴，于月亮湖公园赏水中月的微微荡荡、望空中月的飘飘渺渺，赏一幅"春江潮水连海平，海上明月共潮生"水天一色、水月朦胧的画卷。追求"虚实相生，无画处皆成妙境"的境界。

3. 月之花情景区

"清风叶婆娑，月夜桂醉人"。月之花情景区以桂花园作为载体，由桂花谷、月桂亭、桂花路、桂花桥四处节点构成，游览者于月之花情景区感受花月相映的柔和之美。桂花谷中，桂花的清香晕染开来，沁入浓浓月色之中。桂花亭中，月光如流水一般，静静地泻在叶子和花上。桂花路上，在满月的光里，落下桂子依稀的浮影。桂花桥上，人们展开"问询园中何所有，吴刚捧出桂花酒"的想象。月之花情景区四处节点疏密有致，对比强烈。桂花园路纵横交错，步移景异，目不暇接。而桂花谷、月桂亭、桂花桥景致则相对稀疏、淡冶。月之花情景区疏密关系相辅相成营造出的空间节奏使人们感到恬静，拥有轻松的心情，与空中柔和的明月最是相宜。

图 13　月之水情航拍图

图 14　月之水情——湖畔晨曦
图 15　月之水情——虚实相映

114

图 16　月之亲情——林荫草坪 1
图 17　月之亲情——林荫草坪 2

图 18　月之亲情——台地广场 1　　图 19　月之亲情——台地广场 2
图 20　月之亲情——月华码头 1　　图 21　月之亲情——月华码头 2

4. 月之乡情景区

　　月之乡情景区以烟雨长堤作为载体。烟雨长堤充分发挥隔、抑、曲在塑造空间上的作用。长堤将月亮湖分隔形成富于变化的湖面，产生延绵不尽、阔远幽深之感。由湖岸进入长堤之际，布置老井、茶屋、芦苇荡作为障景挡住游览者视线，进入长堤后视线顿开，望月亮湖水天一色、碧波浩荡。长堤上的园路"不妨偏径，顿置婉转"追求曲折流动，引导游览者视线变化。曲径通幽的烟雨长堤由隔、抑、曲塑造的空间形式使游览者产生一种深沉、悠长的情愫，这正契合了人们思乡的深情，宛若跨过月下这条长堤就回到故乡一般，乡情就这样从曲径通幽的长堤中寻来。

5. 月之亲情景区

　　月之亲情景区由月华广场、银河轴、月光草坪、家庭活动园共同构成的满月广场作为载体。月华广场的月华门伴随夜空共同上演一出绚丽的灯光秀，家人并肩仰望欢呼雀跃。月光草坪毗邻湖边，中秋月圆之时，家人相聚于此，静享天伦之乐。家庭活动园中家庭露营、儿童活动、家庭园艺活动充满欢声笑语，热闹非凡。景区的月华广场、家庭活动园、银河轴、月光草坪予以游览者多个驻足点形成静观，同时通过较长的游览线路形成动观，此外在驻足点的活动安排动中有静，静中有动，动静相宜。游览者于月之亲情景区动静变化之间达到畅然的心态，引出跃动的精神，享受永恒的亲情的美好时光。

6. 月之友情景区

月之友情景区以友月广场作为载体。友月广场设计为开放性活动空间，与城市密切融合，面积显著大于其他空间，且位于全园的核心位置，基于上述原因成为月亮湖的重点景区，而其他景区起着烘托作用，全园主从分明，构成各个景区的和谐共生关系。友月广场由诗月广场、月光剧场与月光岛共同组成。友月广场上友谊之轴与友谊之门所彰显的贵安开放、包容的胸怀与君子待友

之道最为契合。皓月千里，国内外友人穿行于色彩缤纷的友谊之轴，缓步登上环形的友谊之门，品读不同国家的月亮文化，苍穹环宇沐浴同一片月光，天下皆友。风清月朗，在月光剧场，各民族同胞，同听一曲友谊颂，共跳一支民族舞，用音乐架起友谊桥梁。在月光岛上设置茶室一座，月亮初上，品清茗一盏，斟美酒一觞，举杯邀明月，对影成三人，与月为友。

图 22　月亮湖公园主园路

图 23　月亮湖公园入口

7. 月之爱情景区

　　月之爱情景区以织锦花田作为载体，于花田中见证月光下甜蜜幸福的爱情。花的绚丽多姿是浪漫爱情的展现，玫瑰的奔放、百合的内敛、兰花的清幽、杜鹃的灿烂、合欢的华丽都昭示着"良辰美景，花好月圆"的爱情主题。织锦花田是全园中轴线的对景，是各个景区视线的聚焦处。中国艺术"深文隐蔚"追求"意不浅露"的妙境。在织锦花田的空间处理中避免一览无余、开门见山，而是"欲露而先藏"，通过花田上乔木群落的组织呈现时隐时现、

若有若无的空间形式。"今夜月明人尽望，不知秋思落谁家"，织锦花田含蓄、内秀的空间效果呼应月下爱情的婉约与蕴藉。

　　月亮湖公园空间形式"曲折有法，前后呼应"。以"月之七情"为主题构成的七处景区由环湖景观路与滨水漫步路合理组织，有机串联，七处景区张弛有度、起伏相倚形成月亮湖公园连贯的、动态的、完整的空间序列，情感也随空间形式的韵律、节奏、秩序波澜变化、仪态万千。

图 24　月之乡情——烟雨长堤 1

图 25　明月小座 1
图 26　明月小座 2

四、结语

月亮湖公园以月亮文化为主题，将"月之七情"在公园中有序表达，将公园的景致与月亮所象征的情感活动和意向高度呼应，达到情景交融、物我同一后公园形成无穷的境界。游览者在月亮湖公园之中凝神观照、细细品味，审美超越具体的景点与场景，形成"含不尽之意于言外"的意味与妙境，从而获得由月亮文化所指引的哲学上的感悟思考，审美上的性情飞扬与科学上的求真笃诚。

图 27 承月驿

图 28 月之乡情——烟雨长堤 2

图 29 月之花情——桂花路 1

图 30 月之花情——桂花路 2

图 31　月之水情——湖间华灯

图 32　月之水情——半湖瑟瑟

图 33　月之乡情——烟雨长堤 3　　图 34　月之乡情——烟雨长堤 4

图 35　月之乡情——烟雨长堤 5　　图 36　月之乡情——林间月径

嘉陵盛景叙巴渝
——重庆山城公园规划设计

JIALING NARRATIVES
Chongqing Shancheng Park Planning & Design

项目区位：**重庆市渝中区**

项目规模：**102 公顷**

起止时间：**2014 年 3 月 ~ 2017 年 8 月**

业主单位：**重庆市渝中城市建设投资有限公司**

项目类型：**综合公园**

一、缘起

渝中区是重庆的核心城区，繁华都市，高楼林立，人口稠密，但绿地和公共活动空间严重不足。在渝中区的西端，仍有一片黄葛浓阴、历史悠久、山水秀美的清幽之地，未来将成为渝中区最为集中的城市公园绿地。

重庆山城公园面向嘉陵江，坐落于化龙桥和大坪片区之间的山坡之上，由现状红岩村公园、佛图关公园、鹅岭公园和规划虎头岩公园、化龙桥公园共五个公园组成，形成了一条 4.6 公里长的山地公园带。公园平均宽 200 米，最宽处达 600 米，最窄处不足 30 米，总面积约 102 公顷。山地特征明显，地形高差 60 ~ 180 米，

平均坡度约 45°，最大处接近 80°。山地地理特征高度集中，有利于展现丰富的山城景观。

公园历史文化深厚、时代特征鲜明，五个组成公园各有代表性的历史内涵，代表重庆历史文化发展脉络。佛图关迄今已有 1700 多年，历史最为悠久，为古巴渝十二景之一的"佛图夜雨"胜景。两侧悬崖峭壁，不绝如线，遗存唐宋以来的石刻、佛像、佛来洞及各时期碑文。化龙湖来自于明成祖朱棣在此乘云化龙的传说，近代化龙湖片区是重庆重要的老工业区。虎头岩是一处建于 20 世纪初叶的军事要塞，建有防空警报台。鹅岭公园原是一处私家园林，

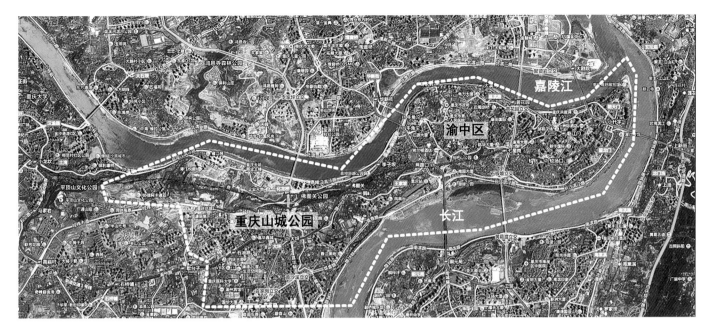

图 1　渝中区最为集中的城市公园绿地

图 2　公园范围位置平面图

1958 年改造为城市公园。红岩村公园是著名的红色教育基地,留存有多处革命文化遗迹。五个公园连成一体后的山城公园将形成渝中最大规模的绿色空间,承载地域历史人文情感,呈现别具特色的重庆山城风光。

　　公园虽历史内涵丰厚,但缺少挖掘和展示,部分文化资源还面临消失、湮灭。同时,临路界面很少,边界被居住区、单位大院侵蚀,存在感不强。缺少标志性景观和出入口,可达性不强,因此只有周边居民知晓和到访,不为外来游客所知。服务设施严重老化,加之疏于管理养护,时常遇到断头路和湿滑陡坡,游览十分不便,缺乏安全感。因修建地灾格构,山体裸露,需生态修复。乔木荫蔽,林下光照不足、通风不畅,灌丛地被斑驳,游人视线范围内植被景观较为单调凌乱。

　　上下城的大坪和化龙桥片区正在经历城市改造,大量高端商业娱乐、办公居住建设完成,上下城区需要交通连接和绿色休闲,对山地提出生态修复和功能提升的要求。

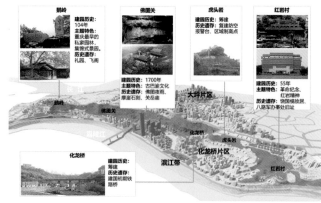

二、总体设计

1. 目标定位

渝中山地公园位于渝中区重要城市生活中心、上下半城分隔带，具有极佳的区位优势。公园集中了各类地形特征，是重庆作为山水之都的明信片；人文积淀自古代至近代和现代，人文历史资源丰富，情感深厚；其中的红岩村公园和鹅岭公园比较成熟，在国内享有盛誉。基于此，规划目标确定为重庆第一的城市山地公园，功能定位为渝中的绿肺和山水人文花园，市民的休憩自然和记忆森林。

2. 构思理念

以文化为题眼，串联历史文化，发挥每个子公园的主题特色优势，打造涵盖重庆古代、近代和现代文化的历史文化脉络体验带。佛图关古代巴渝文化、鹅岭古代私家园林、红岩村近代抗战文化和红岩精神，虎头岩近代大轰炸回忆和现代运动休闲、化龙桥现代工业记忆和后工业主题，各式文化被串联在一起。

3. 规划策略

（1）道路连通，构建立体交通网络，绿道延伸进入城市

基于历史原因，五个相连的公园绿地却围墙相隔、独立存在、互不相通。规划设计工作，突破管理壁垒，协调各个部门和产权单位，优化城市规划，调整用地性质，让位公共空间和交通联系。增强东西向和南北向交通联系，完善道路系统。沿山脊崖线，设计山脊观光道，可通行电瓶车路，连接红岩村、虎头岩、化龙桥和佛图关四个子公园。结合现状步道，设计山腰游步道东西向连通各子公园，结合现状地铁站、办公区、商业区等人流热点，设计连接道，与山脊观光道和山腰游步道形成多个环形游览线，增强公园与城市联系，方便居民生活。五条南北向绿道连接北侧嘉陵江绿化带和南侧山城公园，形成城市片区的绿道体系，提升城市品质。

（2）因地制宜，增加体育设施和活动场地，提高公园活力

山地公园周边居住区围合，更有多个大型商业中心设施，周边居民对体育活动设施和活动场地的诉求高，但因于山地特征的限制，可开展活动的平地较少。设计因地制宜，结合山形地势增加山地建筑、架空平台、活动平坝和健身设施、阳光草坪、林间剧场等，尽可能为市民提供更多活动空间。增加朴野自然、木石风格的服务设施，如入口服务、茶室、小卖部、卫生间、廊架、标识标牌、座

图 3　倚山面江，山地特征明显　　图 4　现状特征分析图

图 5　现状岩石裸露　　图 6　部分地形陡峭　　图 7　难以辨认的石刻

图 8　层次丰富的山地风景林 1　　图 9　层次丰富的山地风景林 2

图 10　层次丰富的山地风景林 3　　图 11　层次丰富的山地风景林 4

图 12　春色芳菲的登山道 1　　图 13　春色芳菲的登山道 2　　图 14　贯通东西的山腰游步道

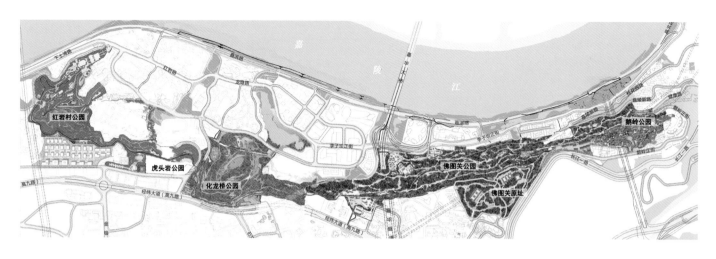

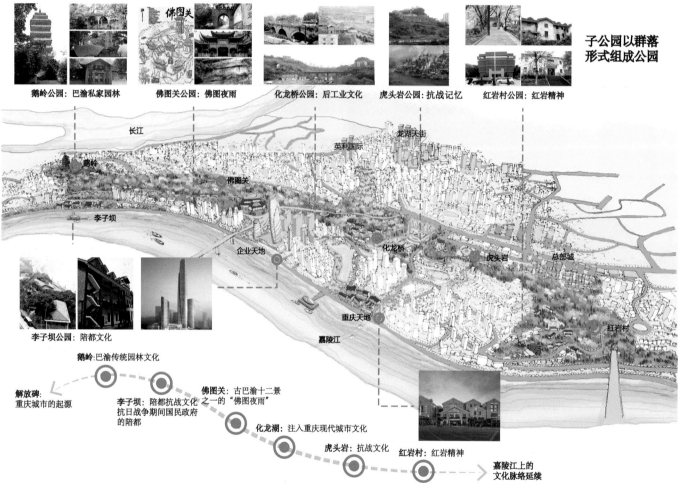

子公园以群落
形式组成公园

鹅岭公园:巴渝私家园林　佛图关公园:佛图夜雨　化龙桥公园:后工业文化　虎头岩公园:抗战记忆　红岩村公园:红岩精神

鹅岭:巴渝传统园林文化

解放碑:
重庆城市的起源

李子坝公园:陪都文化

李子坝:陪都抗战文化
抗日战争期间国民政府
的陪都

佛图关:古巴渝十二景
之一的"佛图夜雨"

化龙湖:注入重庆现代城市文化

虎头岩:抗战文化

红岩村:红岩精神

嘉陵江上的
文化脉络延续

图 15　总平面图

图 16　构建连续完整的重庆文化脉络体验

图 17　视线通廊

图 18　复建佛图关和夜雨寺　图 19　佛图关规划结构

图 20　交通系统图

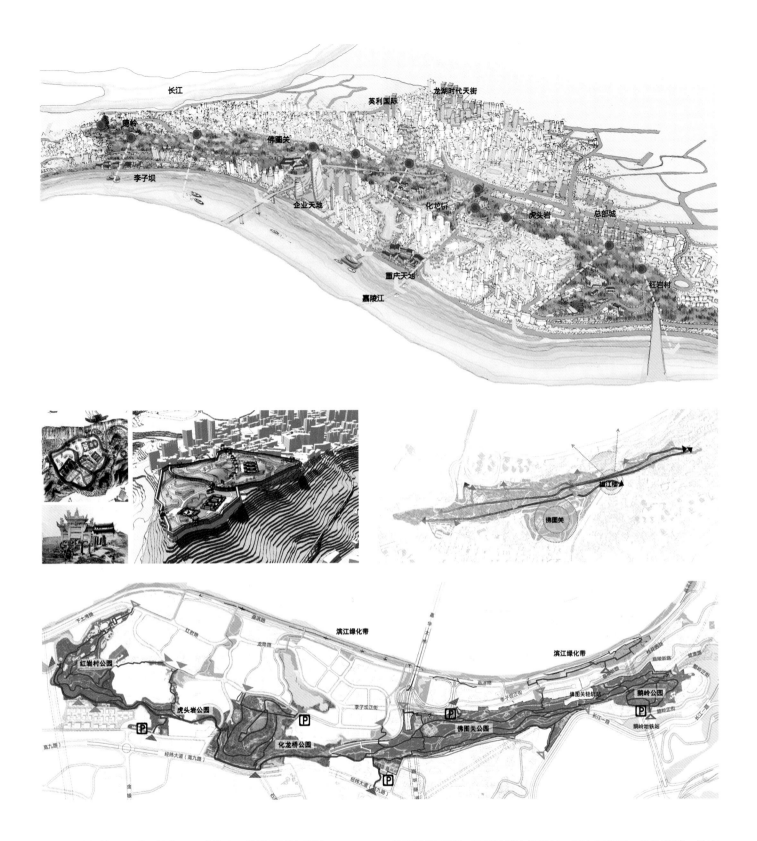

椅、庭院灯等，形成风格统一、功能全面的游憩服务系统。

（3）生态修复，培育山地风景林，打造城市背景林

以"空中花园、绿树层林"作为植物景观设计目标。宏观层面营造连续的山地风景林，形成绿色基底，红岩村春季烂漫，虎头岩夏季浓阴，化龙桥和佛图关霜林尽染。微观层面沿道路打造特色花园林荫路和主题景园。选择耐旱、耐瘠薄、可在山地生长、季相鲜明的树种作为基调树种，如栾树、三角枫、大山樱、香樟、小叶榕、黄葛树等。荫蔽林地间伐疏伐杂灌木、适当修剪，降低郁闭度，

林下补植耐阴、开花的灌木和地被，如大花栀子、八仙花等。地灾格构区域补植上攀下垂的藤本植物，进行立体绿化，陡坡区域可选择木芙蓉、羊蹄甲、小叶榕等乡土深根植物，保持水土。

（4）预留视线通廊，促进江—城—山的融合渗透，突出山城江城风貌特征

结合城市设计和地形竖向，山脊制高点打造十处城市观景阳台和地标建筑，人们可远眺江景、城景，与鸿恩阁、两江塔、嘉陵江形成对景，打造"山—城—江"的视线通廊。加强滨江天际线、

公园山脊线、背景天际线的控制要求，通过江—城—山关系的梳理和整合，建立山地公园、城市绿地以及滨江绿地的融合、渗透、联通关系，形成公园城市片区，以公园绿地提升城市品质，突出重庆江城山城风貌特征。

4. 特色公园

（1）红岩村公园

以红岩精神为主题。前山八路军办事处、名人故居等文保建筑群保存完好，游线通顺，红岩纪念馆主题氛围浓厚。设计将山谷平地改造为红岩小剧场，可展开红岩村诗词朗读、历史剧演出、文化宣讲等活动，烘托红岩村文化氛围，鼓励革命文化的再挖掘。提升后山景区，梳理山脊观光道与山腰游步道，与虎头岩相连，对山体进行生态修复，补植植物群落，丰富山体植被色彩。

（2）佛图关公园

以佛图夜雨为主题，打造重庆历史文化、江城山城特征突出的历史名胜公园。复建佛图关和夜雨寺，新建沿江壁立的地标建筑望江楼，与嘉陵江和对岸鸿恩寺形成对景；结合现状步道、历史遗存和现状景点，打造山脊摩崖石刻主题游线、山腰巴渝风情主题游线和山脚城市生活游线，以"一关、一楼、三横、四纵"的设计结构，营造佛图关绿色人文长卷。

（3）鹅岭公园

以巴渝私家园林为主题，目标定位为西南山地园林的典范，巴渝私家园林的代表，重庆近现代历史的文化遗产，承载时代记忆的历史名园。总体结构"一轴、一带、两楼、八园"，保留具有历史价值、时代特征的景点，突出文化遗产、时代影集的特色。拆除无关的经营建筑，以层层抬升的台地花园、林荫广场明确中心轴线，以城市阳台的形式突出临江眺望带，复建礼园双槐阁，翻新两江楼，调整主题功能，突出公园历史文化，再现巴渝山地园林的精妙和集锦园林的丰富体验。

（4）化龙桥公园

以后工业文化为主题，建设风格现代、运动休闲、崖壁山谷

图 21　城市阳台，眺望城市风景（虎头岩）

图 22　开阔草地创造活动空间 1　　图 23　开阔草地创造活动空间 2

图 24　山脊观光道　图 25　四季风景林荫路 1

图 26　四季风景林荫路 2　　图 27　四季风景林荫路 3

图28 景观桥跨越市政路连接公园交通（虎头岩）

特色的城市综合公园。结合废弃铁路桥设计高架铁轨花园、铁路小站入口广场和极限攀岩，结合谷底平坦地形设计阳光草地、绿茵球场、篮球场、儿童活动区和台地花园，突出山谷的新华日报社，对山坡崖壁、地灾格构进行生态修复，培育青翠山地风景林，山腰环线连通上下城，将游人引入公园，提供漫步和眺望山谷的场所，塑造城市绿色山谷。

（5）虎头岩公园

以虎崖漫步为主题，目标定位集休闲运动、观光游赏、历史展示功能于一身的山地公园。联系东西两侧红岩村、化龙桥公园和上下城居住区、办公区。以城市阳台为设计理念，沿崖顶设计多个观景平台，眺望嘉陵江和山城景色。结合平坝设计活动场地、入口广场、台地花园、半山茶室和咖啡厅，为周边居民提供休闲、运动场所。步道延伸出公园边界，联系上下城居住区，并沿步道增加人文科普标志牌，吸引居民进入公园，增强步行趣味性。对裸露荒地和地灾格构进行生态修复，营造季相变化、层次自然、林冠起伏的山地风景林，形成优美的城市背景。

三、大型公园的修复和连通

1. 寻脉定位

梳理现状文化资源，提炼文化内涵和时代特征，将历史文化片段串联形成城市文脉，唤起市民的乡愁回忆，增强地方归属感和认同感，以集锦公园的形式再现人们心中的巴渝画卷。传承历史文化，打造重庆地方名片，树立民族自信。

2. 以文化境

尊重历史，传承文化，创造性地提出公园群落的概念，体现各公园内涵，彰显人文底蕴。依托场地内原真文物、历史印记和代表性人文景点，塑造记忆亮点和地标景观，采用集锦园和特色景观分区的形式，突出各子公园的主题特色。

3. 双修思路

立足城市发展，多方面、最大限度地发挥公园生态、景观优势带来的社会效益，提升城市特色和活力。因山就势，构建富有山城特色的立体交通网络，增加各类活动场地和运动场馆，满足山城居民对平地活动的需求；增加地标景观、城市阳台和透景线，强化重庆山水城市的特质；生态修复，突出山地植物的群落层次和季节变化，营造绿树层林、空中花园的山地风景林。

图 29 登山道，连接上下城（虎头岩）

图 30 改造山腰游步道（佛图关）　　**图 31** 虎头岩公园入口，台地广场和缓坡草地吸引游人进入公园

图 32 摩崖壁刻观景平台（佛图关）　　**图 33** 山脊观光道，市民往来络绎不绝（虎头岩）

四、结语

　　山城公园游览面积约 1.02 平方公里，适合半日游赏活动，其周边公共辐射区域包括了朝天门、解放碑、洪崖洞、嘉陵江、重庆新天地、磁器口等重庆热门景区。公园自 2015 年开始施工建设，由于拆迁征地情况复杂，加之地形陡峭施工空间狭窄，整体建设进度较为缓慢。虎头岩和佛图关公园部分已经建成，总体效果良好，景观优美，深受重庆市民的欢迎。

丝路回城
——固原城墙遗址公园规划设计

SILK ROAD
Guyuan City Wall Ruins Park Planning & Design

项目区位：**宁夏回族自治区固原市**

项目规模：**70 公顷**

起止时间：**2015 年 12 月～ 2017 年 5 月**

业主单位：**宁夏首创海绵城市建设发展有限公司**

项目类型：**综合公园**

一、缘起

固原在历史上是中原通往西域的重要节点，是"左控五原，右带兰会，黄流绕北，崆峒阻南，据八郡之肩背，绾三镇之要膂"的咽喉要冲，因此，固原在历史上便极为重视城防特别是城墙的建设。

固原在"汉武帝元鼎三年（公元前 114 年）析北地郡设立安定郡，郡治高平（今宁夏固原市原州区），并设立萧关"。北周天和四年（公元 569 年），在原高平城外扩大增筑一处新城，自此固原城墙形成内城墙和外城共同构成的具有世界文化遗产价值的"回"字形城墙。明时固原是三关总兵驻节之地，为边关九镇之一，也是固原城建历史最为辉煌的一个时期，在经历景泰、成化、弘治、万历将近百年的增筑与修葺，固原古城墙最后格局和形制基本奠定。

尽管固原古城墙有着极高的历史文化价值，但是现状保护情况堪忧，且利用率不高，存在着诸多的问题。2015 年固原市委市政府全面启动旧城改造工作，以古城墙为依托的固原城墙遗址公园作为旧城改造的主要组成部分，着力打造一座历史人文公园，再现千年"回字形城墙"的韵味与风骨。

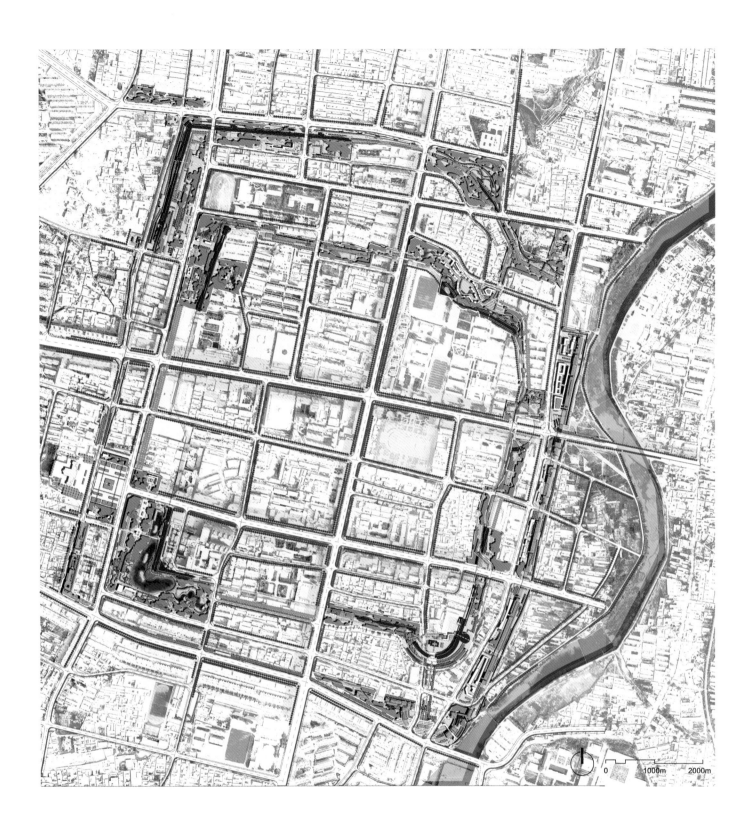

图 1 城墙遗址公园平面图

图 2　雄关漫道航拍图

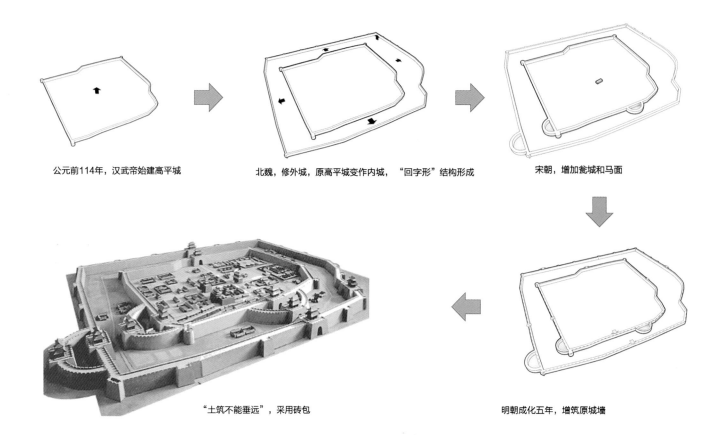

公元前114年，汉武帝始建高平城　　北魏，修外城，原高平城变作内城，"回字形"结构形成　　宋朝，增加瓮城和马面

"土筑不能垂远"，采用砖包

明朝成化五年，增筑原城墙

图3　"回"字形城墙

图4　公园鸟瞰效果图
图5　服务建筑1　　图6　服务建筑2
图7　草阶台地1　　图8　服务建筑3

二、总体设计

1. 设计思路与定位

固原城墙遗址公园以"丝路回城——生活·历史·文化"为主题，设计坚持生态为基、文化为魂、以人为本的设计理念，保护历史文化遗产，展现古城文脉，营造多元活力城市绿色空间，做到历史、文化、生活有机融合。城墙遗址公园是固原城市空间格局的重要组成部分，具有保护城墙文化遗产、传承历史文脉、改善城市环境、提升城市形象、丰富市民文化生活、促进城市发展等综合功能，是独具特色的城市历史文化公园。

2. 规划设计总体布局

固原城墙遗址公园面积约为72公顷，总体布局为"两环四角十景"。

两环即外城墙环与内城墙环。外城墙环为苍茫有力、开敞大气的历史文化展示环，充分展示固原历史中的边塞军事文化、丝路文化、民族团结文化。内城墙环为灵活多变的市民生活与文化相融的休闲环，重点将古城墙的保护利用与市民生活紧密联系。四角分别为东南角、东北角、西北角与西南角，四角根据周边城市用地性质及公园功能分区来确定功能，其设计重点与城市风貌协调统一。

根据遗址公园总体规划设计思路，结合历史文脉和用地特色，设置十景，分别是：镇秦兴德、丝路驼铃、靖朔国色、城垣古韵、雄关漫道、汉唐风骨、文澜垂远、五原醇香、制府三边、西湖毓秀。

图9 外城墙环——雄关漫道效果图 1   图 10 外城墙环——雄关漫道效果图 2
图 11 休憩广场   图 12 花田草阶

图 13 保留城墙 1   图 14 保留城墙 2
图 15 保留城墙 3

三、对不同类型设计学命题的研究：固原城墙遗址公园文化表达的新思路

习近平总书记指出："文化是一个国家、一个民族的灵魂。文化自信是更基础、更广泛、更深厚的自信，是一个国家、一个民族发展中更根本、更深沉、更持久的力量。"固原作为千年古城历史悠久，文化璀璨，固原城墙遗址公园规划设计始终坚持"文化自信"的道路，紧密围绕"丝路回城"的设计主题，深入挖掘固原文化支柱——"回字形城墙"的文化形象与精神内涵，在文化表达中进行了以下实践。

1. 保护固原城墙的原真性

面对先人留给我们的宝贵遗产，固原城墙遗址公园规划设计以"思古怀古不复古"为指导原则，不复建城墙，不造假古董，而是将历史留下来的古城墙作为核心，保存古城墙自身营建的印记、文化的变迁、气候的蚀刻、拆迁的结果等信息，以保障固原古城墙工艺的原真性、材料的原真性、设计的原真性与环境的原真性，使其成为可读的历史信息。

图 16　建成段航拍图 1

144

图 17　休憩廊架

图 18　游步道　　图 19　开放空间

图 20　康体广场　　图 21　入口广场 1

图 22　服务建筑　　图 23　城垣小径

图 24　城垣草带　　图 25　现状城门

2. 重塑固原城墙的独特性

固原城墙遗址公园文化表达中强调固原城墙独特性的表达，规划设计针对现状城墙的不同状态以及城墙遗址所在区域情况，结合设计主题与功能需求，确定不同段落的处理方式，通过连续的、完整的、开放的绿地空间重塑固原"回字形城墙"的骨架与结构以突出固原城墙的独特性。

（1）现存古城墙遗址段——依法依规保护

现存古城墙遗址作为具有文化、艺术、生态、社会价值的古文化遗址，秉持保护好、传承好、利用好的原则，根据《中华人民共和国文物保护法》的要求严格保护，贯彻保护为主、抢救第一、合理利用、加强管理的方针，规划设计遵守不改变现存古城墙遗址的原则，保障古城墙遗址的安全，不损坏、改建、添建或者拆除现存古城墙遗址，现存古城墙遗址作为文物保护单位，规划 20 米范围作为严格保护区，公园建设过程中不得进行爆破、钻探与挖掘等作业，公园道路、建筑、小品、绿化等建设选址尽可能避开现存古城墙遗址。

（2）城市建设已侵占古城墙基址但建筑可以拆除段——构筑清晰结构

在城市建设已侵占古城墙基址但建筑可以拆除的位置，通过设计延续城墙走向形成清晰简洁的空间结构，公园由两环十景组成，两环即内城墙环与外城墙环，十个重要景点紧密围绕两环布置，分别为镇秦兴德、靖朔国色、城垣古韵、雄关漫道、汉唐风骨、丝路驼铃、文澜垂远、五原醇香、制府三边、西湖毓秀，景点空间沿两环展开，在设计中，以"线和点"为着眼点进行设计，保障该区域与现存古城墙遗址区域在空间上、文化上的连续性，与现存古城墙形成统一的、连续的整体。

图26 入口广场2   图27 林荫小径

图28 草阶台地2
图29 休憩设施

（3）城市建设已侵占古城墙基址且建筑无法拆除段——丰富文化信息

在城市建设已侵占古城墙基址且建筑无法拆除的位置选择择径而行的方式，通过设置指引牌，说明城墙遗址公园无法保持连续性的原因并说明城墙、城门、垛口、炮台等历史信息，由此指示牌将人流引导进入城市人行道系统，同时结合人行道、人行道侧建筑立面、建筑围栏设计地雕、壁画等形象语言，通过多样性的文化内涵展示方式，保证游览线路连续性的同时起到历史信息贯穿的作用。

3. 保障与城市文化融合性

在固原城墙遗址公园规划设计之中不局限于古城墙遗址文化本身，而是从多学科多系统角度将城墙文化与城市文化两部分作为整体统一考虑，在充分表达固原城墙本体文化的同时深入发掘城墙遗址在城市文化或片区文化层面上所起的作用，发挥城墙对固原特色的历史信息产生的良性效果，通过固原城墙遗址公园的建设达到保护城市文化特色的目的。

丝绸之路是最早最重要的东西方文明交流的通道，历史上的固原，自汉代以来就是通往西域的要道，控扼丝绸之路，固原作为丝绸之路东段北道的重要驿站，在中西政治、经济、文化交流中起到了重要的作用。2013年秋，习近平总书记提出共建"一带一路"的合作理念，固原基于其得天独厚的区位优势融入"一带一路"合作倡议之中，在历史与时代的感召之下，"丝路重镇"是固原最为显著的文化内涵与符号。

历史中，丝绸商队由西安出发，向西北行进进入固原境内，由外城墙东南角城门镇秦门进入固原城内，商队休息调整后继续沿外城墙东侧清水河向北行，最终西至东罗马帝国首都君士坦丁堡，在规划设计中深入挖掘城墙文化与"丝路重镇"文化之间的内在联系，于外城墙东南城门基址位置布置景点镇秦兴德，通过还原、象征等手法集中展示当年城门外商贾云集的盛况。在外城墙东侧与清水河间绿地布置景点丝路牧歌，表现历史上清水河商旅不绝的景象。城墙遗址公园作为媒介使得城市"丝路重镇"文化得以延续，同时固原古城墙文化与固原"丝路重镇"城市文化两者相互融合形成一个完整的、相互关联的整体。

图 30　建成段航拍图 2

图 31 晨练的老人

图 32 休闲设施

四、结语

在新时代的背景之下，固原其独一无二的"回字形城墙"是延续城市文化基因最重要的窗口，对古城墙文化的深入挖掘，对固原城墙遗址公园的规划设计为文化表达提供了新的解决思路，有效地解决了传统城墙公园文化表达中城墙原真性缺失、特色模糊以及城市文化割裂的问题。

"上天赐予的半成品"的蝶变
——宿迁市三台山森林公园设计

"SEMI-FINISHED PRODUCTS FROM HEAVEN"
Santaishan Forest Park Design

项目区位：**江苏省宿迁市**

项目规模：**12.7 平方公里**

起止时间：**2013 年 4 月～ 2015 年 5 月**

业主单位：**宿迁市三台山旅游发展有限公司**

合作单位：**北京土人城市规划设计股份有限公司、苏州园林设计院有限公司、南京市园林规划设计院有限责任公司**

项目类型：**森林公园**

一、项目缘起

宿迁，一个古老而又年轻的城市。说其古老，是因为早在 5 万年前就有"下草湾人"在此繁衍生息，是世界生物进化中心之一，也是西楚霸王项羽的故乡，清朝乾隆皇帝六下江南曾五次驻跸宿迁，称赞为"第一江南春好处"。称其年轻，是因为宿迁市 1996 年设地级市，是江苏省建市最晚的一个市，旅游资源相对不足。

宿迁是典型的平原城市，最高海拔 73.4 米，即为三台山，由三个紧密相邻的山峰组成而得名，是宿迁市仅有的丘陵地貌特征。山虽不高，但是在宿迁显得弥足珍贵，宿迁人喜欢山，称其

为"上天赐予的半成品"。三台山森林公园位于江苏省宿迁市区北郊，毗邻湖滨新城，南距宿迁市中心约 7 公里，西距骆马湖约 4 公里。三台山森林公园原名嶂山林场，成立于 1958 年，1997 年更名为嶂山森林公园，2005 年更名为三台山森林公园。为提升三台山森林公园品质，进一步完善旅游功能，强化湖与山的联系，营造"大湖林海"的生态景观效果，宿迁市委市政府决定开展三台山森林公园的"扩面提质"工程，力争将三台山打造成为宿迁生态旅游的金名片。

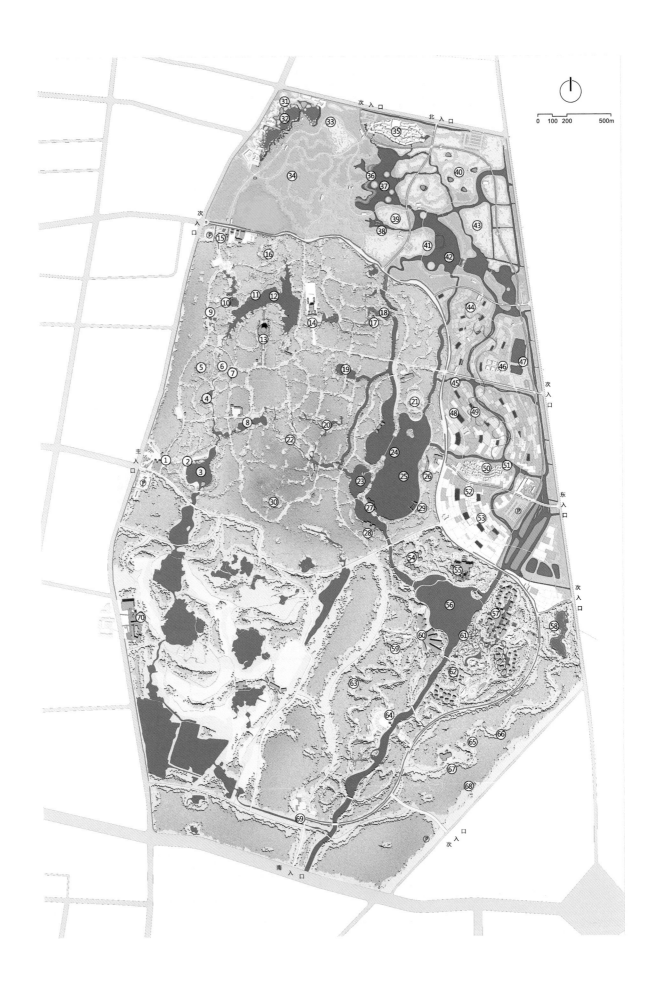

图1　总平面图

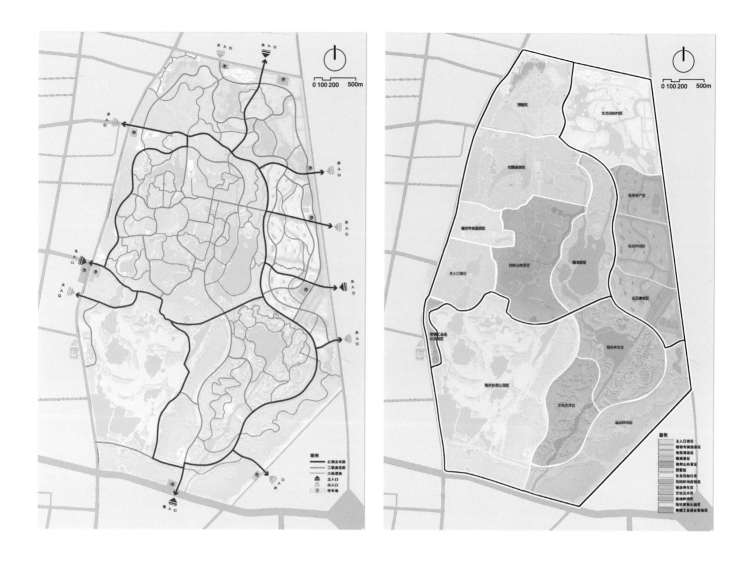

二、总体设计

公园立足自然山水本底，面向未来生态旅游市场，以"最美的生态、永远的时尚"为价值理念，通过生态修复、文化发掘、设施升级、旅游导入等系列方式，全面提升公园的生态容量、环境品质和旅游品牌，成为引领城市绿色转型发展的"大尺度生态绿心、国家级森林公园和华东地区具有重要影响力的森林生态旅游目的地"。

公园性质是以恢复森林景观的多样性为基础，充分彰显山水

环境特征，将三台山森林公园建设成为以五彩森林游赏、自然山水观光、文化艺术体验、森林休闲度假为特色，集历史文化展示、科普教育、运动健身于一体的综合性森林公园。

根据资源特征和功能需求，总体形成"一核两带三区多点"的空间布局。一核即以自然山林为主体的生态景观核心。两带分别为西侧生态景观游憩带、东侧生态休闲功能带。三区分别为森林生态游览区、森林乡土景观区、森林休闲区。多点即多个游赏景点。

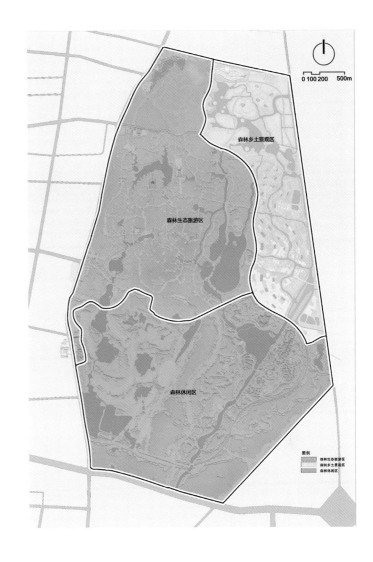

图2 公园交通系统规划图

图3 公园景观分区图

————

图4 功能分区规划图

图5 主入口紫石广场

图 6 主入口游客中心效果图

图 7 滨水广场

图 8 入口景石

图 9 总体航拍图

三、实践亮点

1. 顺势而为的山水空间

三台山最高海拔 73.4 米，是宿迁为数不多的山地资源，相对高程仅有 18 米，山形山势感受不明显，但物以稀为贵，通过问卷调查和走访调研，三台山因为有山而深受市民喜爱，且对其期望值很高。规划针对三台山有山无势、有水无景的问题，通过地形空间分析，寻找最佳观山视角；通过挖湖映山、空间对比、视距变化等手法，形成"一湖映多山"的山水格局，突出山势连绵，进一步强化人的观山视觉感受；充分尊重场地高差，因地制宜、因势利导梳理水系，采取拦蓄、疏导的方式，收集山体汇水，形成"湖、河、塘、溪、瀑"多种水系景观，并在收集区域设置湿地花园，净化水质；在公园低洼处，开挖湖面，以湖映山，营造山环水绕的自然山水景观，最终形成"多湖缀园，河溪蜿蜒、塘渠串联"的水系景观格局。

2. 近自然的大美生态种植

三台山不同区域土壤肥力不一，山上区域因土体疏松、易被冲刷，紫色砂页岩裸露地表，导致土层较薄且养分含量较低，树木长势较弱，存在小老树现象，同时植被以纯林为主，林相单一；山下区域土壤覆盖较好，肥力较强，现状有长势良好的乡土经济树种。

设计根据现状本底林木条件和超大尺度的空间，提出"壮阔林海、五彩森林、诗情画意、鸟语花香"的多元设计目标。

根据现状植被条件、不同的立地条件采取不同的种植方式，以"数量美、色彩美、生态美"为基本原则，形成了自然山林区、秋色红叶区、秋色黄叶区、白色花海区、疏林花田区、芳香植物区六大特色植物景观片区。在自然山林区以保护现状林地为主，局部进行林相改造，通过一系列的人工措施促进森林群落的自然演替，包括抚育间伐、土壤改良、新植乔灌、丰富品种等，增强森林的健康度、丰富度，形成多层次、多类型的混交风景林。在山下新种植区域突出大尺度、大景观、近自然的营造方式，全面提升森林总量，运用多种植物种类，营造丰富的空间氛围，同时充分利用现状已有的桃、梨等经济树种，将景观与经济效益有机结合，形成梨香满园、桃花园等乡土植物景观。

图 10　晴翠湖航拍图 1

3. 地域文化的景观表达

地域文化重要的组成部分之一就是具有场地特征的本土材料使用。在水系开挖过程中，很偶然地发现公园场地基岩为紫砂岩，色泽暗红，具有较好的美学价值，是三台山一种典型的地质地貌特征。我们将此元素创造性地运用到设计中，形成具有本土特色的景观空间。

通过收集场地内不同尺度的紫砂岩石头，形成不同尺度的石笼挡墙或水体驳岸，是一种本土资源的再利用方式，节约了工程投资；利用形状较好的紫砂岩，与其他石块进行图案拼贴，形成特色的道路广场铺装，或独立成景，作为标识题名的置石；适当采掘了体块较大且完整的石块，通过艺术的堆叠，形成"丹崖花台"景观，充分彰显地域浑厚的文化信息，也是对本土地质地貌科普的最佳场所，崖壁上进行地方历史文化的主题石刻雕琢，展示最具人文气质的文化内涵。

三台山自古美景胜出，通过地方志查询，历史上有"三台夕照""白马溪涧""梅村煮雪""天和塔影"等名胜景点，但均已消失或难以寻觅，设计深入挖掘场地文化和梳理景观空间，通过观赏视点选择、景观针灸式改造、植物专类园等方式再现历史景观空间与风貌。

宿迁地处中国南北交汇之地，衲田汲取南秀北雄之田相，以南北交融、兼容并蓄的包容之美的设计思想，依据地势形成逐级错落梯台，错台间采用古朴的农家块垒石墙，田间小径拾级而上，石砌水渠缘路而落，田间洼地形成溪涧，两岸芦花红蓼纷飞。以因地制宜的田相拼合及独特的田间拼接方式为基本设计元素，打造缀以各色花卉美景，兼具生产功能的"大美·衲田"。

图 11　晴翠湖航拍图 2
图 12　碧波镜湖黄昏全景

图 13　野趣木栈道
图 14　三台夕照

图 15　三台桥日景
图 16　天和塔影

图 17　听铃轩 1
图 18　听铃轩 2

4. 传统与现代的融合协调

公园尺度较大，本着尊重场地文脉特征的原则，形成以天和塔为中心的圈层式风貌过渡，体现了由传统到现代的完美融合。山脚之下的镜湖景区是桥、湖、堤、山融为一体的自然人文山水空间，形成了曲水荷风、碧波镜湖、映月桥、镜湖长堤、湖风四面亭等系列传统景观，呈现自然山水、传统园林的空间特征，皓月长廊、游客中心体现了传统元素的建筑风貌，逐步过渡到以衲田为主的具有地域建筑符号特征的大地景观，再远处的森林旅游度假区则以体量适中、现代简约的新中式风格为主，突出与自然空间的融合渗透，掩映于森林环境中。

5. 视觉与心灵的共鸣设计

设计过程中注重生态大美的创新设计手法，主要通过色彩之美、形态之美、环境之美、意境之美、体验之美等方式创造不同尺度、不同氛围的景观游赏空间，形成了公园六大最美系列，分别为最美的紫石、最美的衲田、最美的桥梁、最美的溪涧、最美的路、最美的林，每一种最美都以地域的生态和地方文化内涵进行升华，充分体现"最美的生态，永远的时尚"的设计理念。

图 19　梅村茶室　　图 20　梅村煮雪鸟瞰图

图 21　次入口鸟瞰图　　图 22　溪流花语 1

图 23　溪流花语 2　　图 24　临路小憩

———

图 25　山林栈道　　图 26　趣味小品

四、感言

　　三台山森林公园自 2015 年建成起，成功升级至"国家级森林公园"，横空出世，当之无愧地成为宿迁旅游的新名片，是一次由普通到惊艳的神奇蝶变。开园之年为当地带来了近 200 万人次的客流，并连续创造了多个单日游客量、单个小长假"黄金周"游客量、单个景点接待量等新纪录，成为宿迁市旅游业发展的龙头和弓擎。同时她带来了"旅游+"的新业态和新理念，成功创建了"一中心四基地"（全国书画创作中心、写生基地、摄影基地、扬子影视基地、世界模特大赛华东赛区永久基地），举办多场精彩绝伦的节事活动，形成了国内独一无二的创新性文化生态景观新地标。

　　三台山国家森林公园还不完美，但她就像一个正在茁壮成长的孩子一样，充满朝气、日臻迷人，助力宿迁这个古老而年轻的城市能够重焕活力、再塑辉煌。在她成长过程中，我们在创造美的同时，更需要有一双发现美的眼睛。

山花烂漫芳菲落
——芳菲园公园设计

FLOWERS IN FULL BLOOM
Fangfeiyuan Park Design

项目区位：**北京市石景山区**

项目规模：**3 公顷**

起止时间：**2016 年 10 月~ 2018 年 11 月**

业主单位：**北京市石景山区园林绿化局**

项目类型：**社区公园**

一、缘起

公园位于北京市石景山区，坐落于山坡之上，西侧紧邻八宝山，东南两侧被居住区包围，仅西北角临路。南北长约 510 米，东西平均宽约 70 米，总面积约 3 万平方米。

场地最初给人的印象是一道狭长的、高差巨大出入不便的山坡林地，长宽比达到了 7：1，但仅有北侧临街，东西南三侧都被包围，可达性差，不能有效服务周边居民。且南北两端的高差高达 17 米，在场地中形成了四道土坎，南部的三道坎高差 1~2 米，比较方便化解，最北部的陡坎高达 4 米，看起来颇为陡峭。考虑北京夏季雨量较为集中，瞬时暴雨存在雨洪积水隐患，需要做好山地排水设施。场地有大片的油松、国槐、银杏林，长势旺盛，树姿挺拔，可以保留利用。

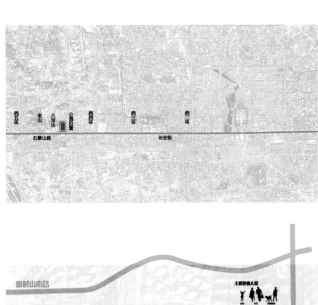

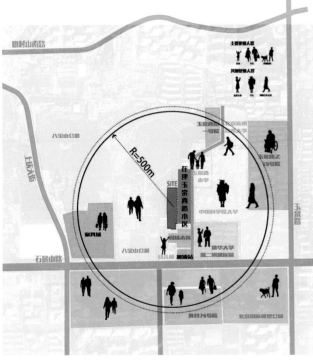

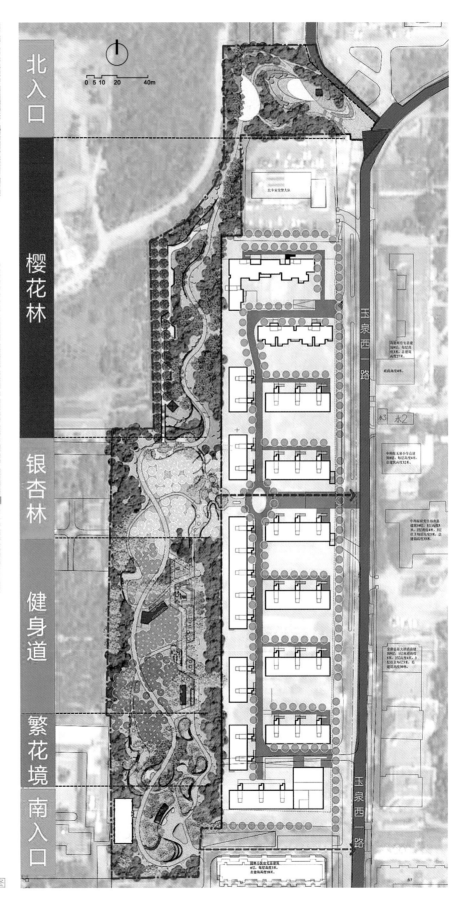

图 1 区位图

图 2 周边用地性质和居民使用分析图　　图 3 总平面图

图4 补植色彩丰富的地被植物

图5 结合现状树营造花境氛围

图6 结合现状大树设计林下休憩空间

图7 林间客厅　　图8 儿童活动沙坑

图 9　色彩明亮的避雨廊架

图 10　保留红色山岩，突出场地肌理和特色

图 11　台地化解高差　　图 12　繁花境

二、公园设计

设计定位基于对地块周边使用人群的分析和对地块内的多次实地调研工作，设计对芳菲园景观营造的目标定位为"乐活社区公园"，我们希望营造一个以植物景观为主，自然生长并且开放共享的活力之园。

设计原则利用南北高差大的特点，将公园打造成一个由六段不同主题组成的台地公园，分别为南入口、繁花境、健身道、月季园、樱花林和北入口，高度逐渐升高。全园由一条平均坡度2.7%的道路连接，局部坡度9%，满足公园的无障碍要求，便于居民的游憩活动。

因场地块南北、东西的高差都大，要想营造舒适的环境必先考虑雨洪管理问题。依据《海绵城市建设技术指南——低影响开发雨水系统构建（试行）》，本项目采用北京市年径流总量控制率为80%，设计降雨量为27.3毫米。沿道路设计连续的生态植草沟，沿北部山脚和东部边界设计截洪沟和排水沟，将径流雨水收集转输至雨水花园内，实现下渗净化，暴雨的过量雨水经由溢流口和雨水管，最终排至市政雨水管网，利用城市海绵手段解决雨水问题，也利用海绵营造景观，同时公园中广场及道路铺装均采用透水材料，减少地表径流。

种植设计尊重现状，保留现状长势较好的植物；以乡土植物为主，选择抗逆性强的植物；注重季相，配植满足三季有花、四季常绿，突出春、夏季赏花的景观效果；满足老年人、儿童的安全需求，选择无刺且无刺激性气味的植物；结合环境，广场周边选择树姿优美、开花植物和遮阴乔木；地块东西两侧边界选择随地形自然成团栽植，适当遮挡，柔化边界；在绿地西侧结合地形以八宝山松柏为背景，营造茂密、层次丰富的植物群落，将园内山上与山下的林冠线补齐，形成完整的山林风貌。

社区公园健身道旁的"林间客厅区"，将服务居民的设计理念体现得格外突出。设计师利用现状高大的刺槐遮阴，在建成之初就有很好的效果。树下设置的颜色鲜明的廊架及组合式桌凳让人眼前一亮，一扫在公墓旁的压抑感。在墙上打洞、涂鸦，增加了孩子们的游戏体验。将坐凳与地形结合，让大人们也不觉得枯燥。离此不远处新建有一间公厕，占地面积100平方米，功能齐全服务百姓。整个林间客厅区的布置就像是家中的客厅一样，可玩可憩提供了大家相聚的多种形式的场地。

不只如此，还有全园中散布的小场地、遮阴避雨廊架及景观亭，可供两三人坐下歇脚避雨，呼吸身在林间的空气，为在北京忙碌的生活画上一个逗号，得到片刻闲暇。作为最常使用社区公园的群体——孩子和老人是植物最好的陪伴，这是我们在做芳菲园规划设计时的初衷。

施工过程中通过对地形的梳理，发现场地中有石景山地区特有的红色山岩，我们利用通路破除下来的红岩造景，在园内形成有石景山潜山地貌特征的景观形态，体现公园独有的景观特征。

三、台地美景

公园整体打造出层层台地种植的风貌。设计对潜山地貌的台地化处理丰富了城市界面上林地的种植层次，展现台层主题的递进和台地植物景观的变幻，增强递进关系，其中开阔出小广场—花境—密林—疏林草地等空间结合植物的景观变换。春季的花境，夏季的槐树林，秋季的银杏和枫叶，冬季的油松，层林尽染，无处不体现着变换之美。

四、结语

营造城市森林是我们的使命，从社区公园这个尺度来谈城市公园，我们不仅要以调节生态平衡，改善环境质量、保护人体健康、美化城市景观为目标，还要以满足使用居民的需求为前提。将社区公园应有的功能融入其中，不只是让大家进入公园走一走、转一转就出去了，更不是街边公园的样子，应该是有森林风貌景观，利用山林得天独厚的森林资源打造与之和谐共生的生物活动空间，形成生态景观更合理的社区公园。

图 13　银杏林

图 14　北入口

图 15　绚丽的秋叶景观

图 16　富有野趣的小径　　图 17　林下补植色彩丰富的宿根花卉

图 18　月季花台　　图 19　林间客厅

聆听场所的声音
——北京市石景山区苹果园地铁站周边环境整治工程

SOUND OF PLACES
Beijing Pingguoyuan Environmental Renovation Project

项目区位：**北京市**

项目规模: **5.70 公顷(一期)29.5 公顷(二期)**

起止时间：**2015 年 5 月～ 2017 年 5 月**

业主单位：**北京市石景山区园林绿化局**

项目类型：**社区公园**

一、缘起

1. 没有苹果树的苹果园

出了地铁 1 号线苹果园站，往北走 1 分钟，就来到了这片几近废墟的场地，这里充斥着嘈杂的叫卖声、欢笑声和汽车尖锐的喇叭声。"苹果园之名已有百年历史了"，经常在这里遛鸟的老大爷如是说，"明朝有个姓柳的太监，出宫后在这里种了百余亩的果树，但唯独苹果长得最好，于是慢慢地百果园变成了苹果园，名字也留了下来。"苹果树和"苹果园"承载着人们从古至今有关生态环境和城市生活的美好愿望。经历时间的变迁后，往来的人们越来越多，但是苹果树却渐渐消失了。设计地块就位于这块"苹果园"的核心位置，北侧紧邻金顶山，西侧靠近永定河

引水渠，东西长 344 米，南北平均宽 166 米，内有规划的南北向道路穿过。

2. "遗忘地带"和"混乱市场"

20 世纪 50 年代首钢在此兴建宿舍区，2011 年 1 月 13 日首钢正式全面停产后，这片宿舍区也逐渐被人遗忘，变成了现代高速城市化进程中的"遗忘地带"。这是一个破碎杂乱的待更新用地，集合了山坡上的棚户村庄、地面上的老旧热力管线、残留的断头树木、历史遗留的水塔等。然而，这片破败的土地却一直发挥着它隐性的潜能，被周边的人们作为"混乱市场"被使用了起来，使之成为当地一带的主要活动场所，充满了活力和人们的创意。

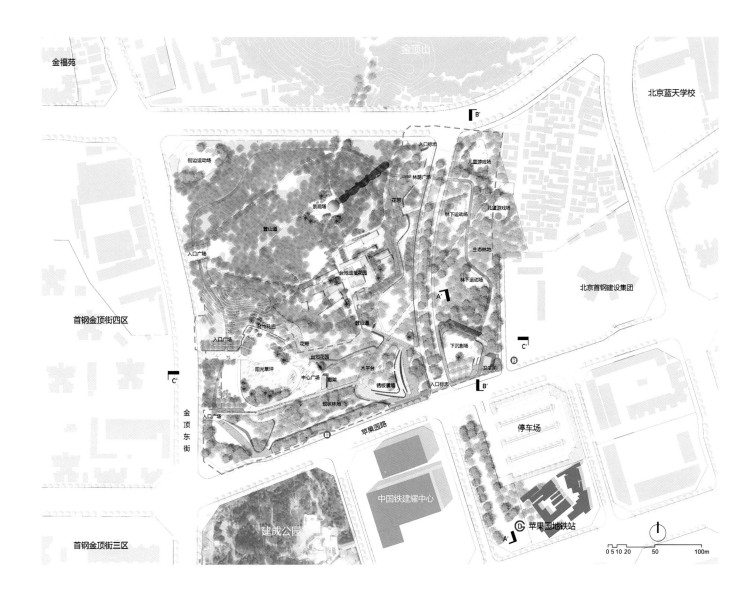

金福苑

金顶山

北京蓝天学校

街边运动场

景观塔

登山道

入口广场

入口标志

林荫广场

花带

儿童游戏场

林下运动场

儿童游戏场

生态林地

台地湿地花园

菊园

秘园

林下运动场

北京首钢建设集团

首钢金顶街四区

首钢金顶东街

入口广场

湿地花曲

花带

台地花园

阳光草坪

中心广场

回廊

登山道

木平台

锈板景墙

现状林地

入口广场

入口标志

下沉剧场

卫生间

停车场

中国铁建耀中心

建成公园

首钢金顶街三区

苹果园地铁站

苹果园路

0 5 10 20   50   100m

图 1   总平面图

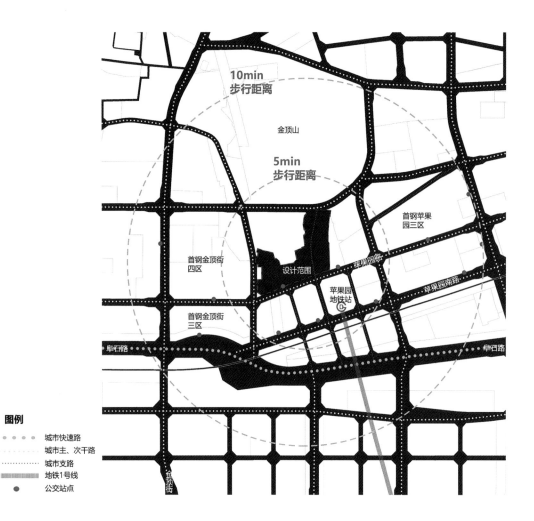

图2 用地周边分析图

图3 现状场地精神——声音

图4 种植规划图

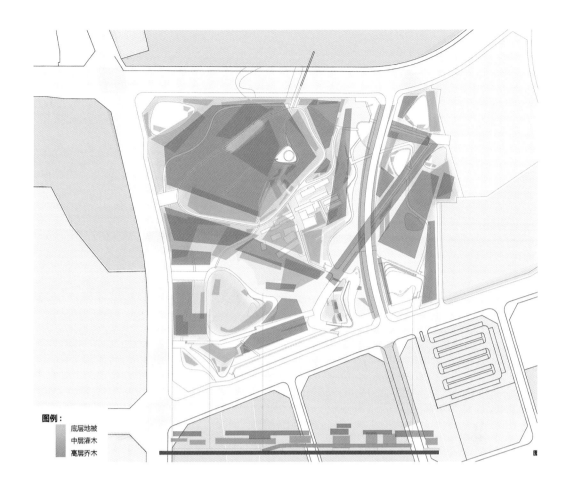

图例：
底层地被
中层灌木
高层乔木

二、总体设计

1. 设计定位：门户担当

设计地块处在石景山绿地系统中的"两心六廊"中的商务科技绿廊的北端，且紧邻苹果园交通枢纽，是苹果园地区的门户公园。建成的公园将成为集形象展示、生态科普、交通组织、市民休闲等功能为一体的城市绿色开放空间。设计之前我们反复诘问：作为历史和时代的见证者、精神和文化的承载体、居民和人们的交往地，最应展现和延续的是什么？

2. 设计理念：传承与蜕变

我们以"传承与蜕变"为设计主题。对于石景山区来讲，经历了首钢搬迁后的转型，是一个由传统工业向高端绿色产业蜕变的过程，在这个过程中，传承的是一种开拓创新的场所精神。对于场地本身来讲，这次是一个由市场、村庄向美丽的公园绿地蜕变的过程。在精神传承和场所蜕变的过程中，设计师应更加敏感，聆听来自场所的声音，最终外化成一座新的城市公园，经过设计、时间的双重作用，蜕变成更友好、更具苹果园特色的场所。

3. 总体布局

公园总体形成了一脉一环三区的空间布局。一脉指西山浅山绿脉，一环指金顶山特色登山环，三区分别是北故道、中山林、南景园。南景园作为一期先行实施，形成了一轴三区的空间结构。以规划南北道路作为公园的景观轴线，轴线东侧对现状林地进行改造，在林下布置小型的运动场地和儿童游戏场地。西侧则依托金顶山的山体，设计了一个以登山休闲为主题的片区，同时利用山坡上拆除的旧村庄肌理设计为基址花园，保留历史记忆。南侧面向城市作为主要的活动功能空间。

4. 设计策略：聆听场所的声音

（1）时代的声音：破坏—修复

在工业文明转向生态文明的当今，公园设计更加突出强调绿色升级、生态为本。从城市绿色空间格局入手，将公园与金顶山整体考虑，作为西山浅山的余脉，纳入城市重要的生态斑块。设计地块内的大量树林使整个地块生态本底良好，却缺乏维护和利用。于是我们通过地形塑造、土壤层恢复、雨水蓄集和大树保护利用达到修复生态、人与自然和谐共处的目标。例如，利用山脚下部分民居设计台地基址花园，打造高低错落台地花园景观。沿山体边界设计具有雨水收集功能的生态草花带，通过对地表径流进行收集；对现状大树进行保留，林下空间部分改造为铺装场地，主要采用抬高的木平台和透水碎石铺装，保证雨水下渗和植物良好的生长环境。

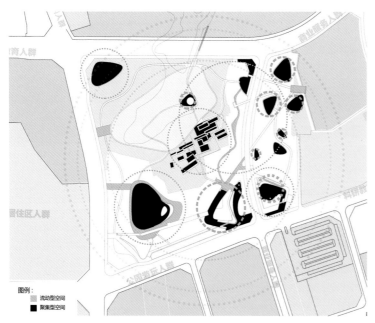

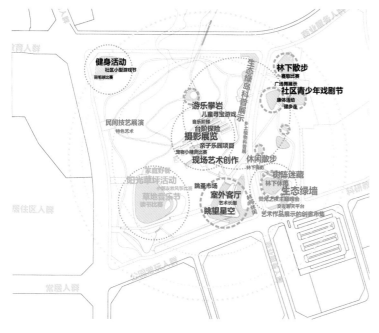

图5 公共空间规划图

图6 活动项目策划图

图7 导引系统规划图

图8 南入口景墙1　图9 南入口景墙2　图10 林下小广场

图11 林中木栈道　图12 眺望塔　图13 特色景墙

（2）城市的声音：孤立—融合

城市需要一个更加开放的空间。公园设计的介入打破了场地的封闭性、边缘性，将场地纳入城市空间，实现城景共融、城绿共融。在面向城市的公园南侧，我们将整个界面敞开，设计了一个由多个活动空间组成的开放空间带，在生态设计的理念下，将空间进行碎片化的处理，设计了多个相对独立而又相互连通的场地，保证便捷可进入的同时避免了大面积铺装广场的建设。公园的标志性入口空间也位于南侧开放空间带上，代表了门户公园的形象品质。

（3）百姓的声音：自发—焕发

公园的建设是为百姓服务的，人们的需求是公园功能设计的出发点。地块进行设计前承担了大量的聚集、交流、休闲、活动的功能。设计综合考虑周边居民的活动需求，设计了下沉剧场、林荫散步道、林下运动场、儿童游戏场、阳光草坪、观景栈道等活动体验场所，多尺度、多类型的空间能为人们的使用提供更多的可能性，焕发出更多的活力。

（4）场地的声音：隐性—显性

设计地块内最突出的现状要素就是来自场地的声音，也是设计最初的灵感。

场地东南侧较为空旷，可以提供多义的活动场地，包括入口空间、表演空间、交流空间。场地西南侧有一条高出地面、横跨东西的热力管线影响场地的布置。在管道之上设计架空栈道，对管道进行遮掩的同时，提供一条特色的体验路线，架空的高度与北侧的山体一起围合出了阳光草坪的开阔空间。场地东侧有较多的现存树木，生态本底良好，但缺乏维护和利用，通过清除杂木，修剪长势较好的树木，整理竖向地形的同时改善植物生存土壤条件，同时在林下设置少量的小尺度活动场地，实现保护和利用的平衡。场地西北侧设置登山步道，提供健身休闲和城市观景空间。场地中部还有一条来自未来规划的声音，一条南北贯穿的城市次干道将场地一分为二。方案中处理好规划道路产生的割裂感也是设计的关键。设计将其定位为林荫景观大道，成为公园的一部分。

如此，我们根据场地的特征发挥其隐形的潜能，转换为符合需求的显性空间，被人们很好地利用起来。

图 14　林下的市政路

三、设计特色

1. 整体性景观设计

公园北侧紧邻金顶山,西侧靠近永定河引水渠,是石景山商务科技绿廊的北端门户公园,是石景山绿地系统规划"一山一轴、两心六廊、多点成网"结构的重要组成部分。整个地块从宏观山体地形"五峰并立、主次分明"规划、视线互望关系,到贯穿小西山至苹果园交通枢纽绿色廊道设计、交通出入口,均将金顶山作为扩展研究范畴,探讨未来与区域绿色斑块和绿道互联互通的可能性。

现状中将公园割裂成东西两个部分的城市支路作为生态林荫路纳入公园内部,利用道路两侧栽植元宝枫等高大乔木、入口设计特色标识、地面铺装变化等方式,在生态上提升道路的整体绿量,更在空间上将城市道路与公园的界限模糊处理,整条道路在保证使用安全的基础上使穿行的行人感到舒适便捷。

2. 被动式景观设计

公园里大部分设计内容是被动的或是被动影响的,复杂和不可更改的现状条件及规划需求是强制因子,景观设计是在这些因子的驱动下被动进行的。而往往这种被动式景观设计能够产生戏剧化的反转效果,将设计之前视为掣肘的问题转化为积极巧妙的空间。如西侧露在地面上高达1米长达300多米的热力管线,设计根据其竖向关系和空间尺寸做出的架空调整,决定了整个南侧开放空间带的设计,其连续架空的做法界定了内外空间,同时与主入口空间在竖向上衔接,使得入口形成了具有高差的台地形象空间,而这个入口台地空间现状原本只是一块平地。

3. 精确性景观设计

被动式景观设计取得戏剧效果的前提是采用了精确性的设计方式。对场所特征的敏锐度和场所潜力的挖掘是设计的核心,其精准性决定了方案的合理性。此外精准性的景观设计还包括对价值认知、问题判断的是否准确。如我们在场地南侧边界基于空间行为和体验做出的判断,我们认为在非入口区的边界视线上是互通的,但考虑城市道路噪声的干扰,其空间上需要有一定的围合度。故南侧边界利用缓坡地形、现状树丛将公园与喧闹的城市界面分隔。在园内创造出视线互通但安静舒适的景观空间。我们希望最低干扰、最少建设、最准设计解决场地问题和功能需求。

图15　林中木栈道与广场舞

图16　惬意的林中漫步　　图17　木栈道树池

图18　栈道观赏平台　　图19　毛石景墙台阶

图20　白砂活动广场　　图21　中心广场

图 29　市政路通行道

图33 路边休息场地　　图34 道路铺装细节　　图35 小凉亭

图36 小花园与居民活动　　图37 台阶挡墙细节　　图38 林下活动丰富多彩

图39 特色座椅和观赏草　　图40 来自无障碍设计的关爱　　图41 聆听场所的声音

图42 点景树

四、结语

　　当我们谈论"场所"的时候我们究竟在谈论什么？苹果园这一片小小的土地，在历史潮流的冲刷下，不停地被抹平、蜕变、重现和焕发新的生机，场所在这里使自己变得适于人们的生活发展，它从森林到果园农田，到废墟，到钢铁厂，到混乱的市场，现在即将回到"森林"。在蜕变的表象下，场所精神一直在传承，人似乎反而作为了场所的印记，在这里留下了不同的时代之音：农耕的声音、炼钢的声音、人们买卖的叫卖声、车鸣声，以及将来的鸟鸣声和人们欢愉的话音……那些声音不该被遗忘，应该被尊重、展现和表达出来，使每一个路过的人，都可以聆听到场所的声音，甚至人内心的声音。

城市更新类
URBAN REGENERATION

天地之间
——北京崇雍大街街道景观提升设计

BETWEEN HEAVEN AND EARTH
Beijing Chongyong Avenue Landscape Enhancement Project

项目区位：**北京市东城区**

项目规模：**4.7 公里道路两侧（雍和宫大街示范段 1.6 公顷）**

起止时间：**2018 年 5 月～计划 2021 年 6 月完工**

业主单位：**北京市东城区城市管理委员会**

项目类型：**街道景观提升**

一、缘起

崇雍大街位于北京市东城区，是贯穿东城区南北的主干道之一，分属于北新桥、东四、朝阳门、建国门四个属地街道办事处和安定门、交道口、景山、东华门四个关联街道办事处。崇雍大街自元代格局初现，逐渐形成了居住为底、商业渐兴、政教军洋多元叠合的功能特点。崇雍大街沿线文物史迹众多，历史街区成片，是东城区重要空间轴线，是展示历史人文遗迹和现代首都风貌的主要文化景观线路。

在经过历年多次的整治提升之后，崇雍大街在 2018 年开展首次系统性综合的整治提升工作。同年 8 月北京市市委书记蔡奇和副市长隋振江在对老城街区更新进行调研时也指出"要以崇雍大街和什刹海地区为样本推进街区更新"。作为北京老城街区更新的示范性项目，崇雍大街街道景观的提升改造也试图探索适应北京老城特色的街道景观设计方法与实践。

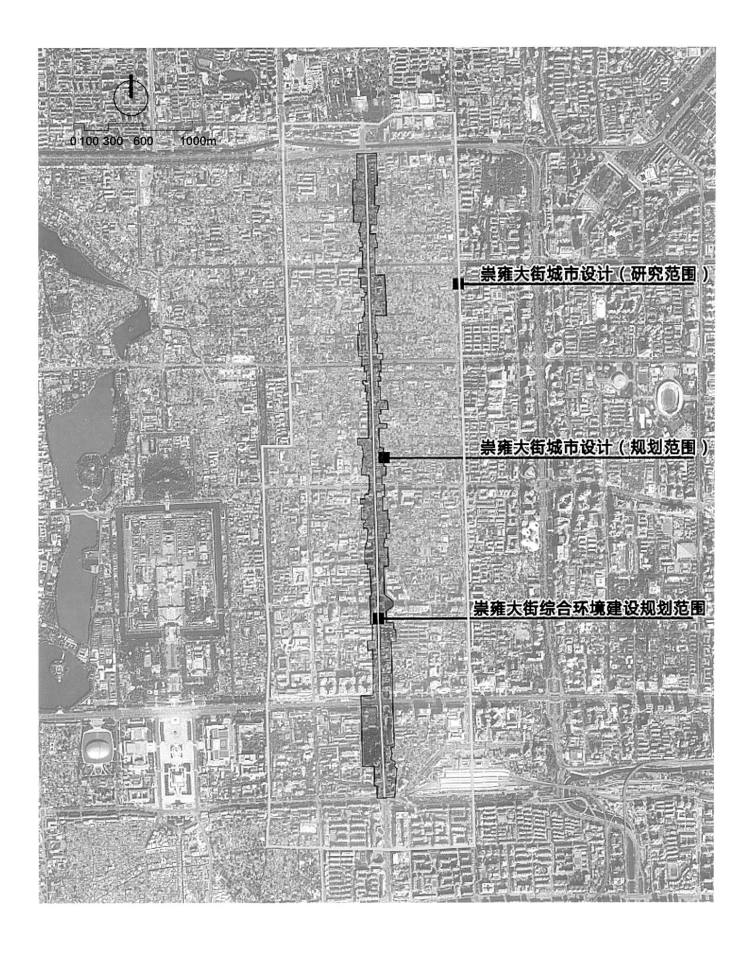

图中标注文字：

崇雍大街城市设计（研究范围）

崇雍大街城市设计（规划范围）

崇雍大街综合环境建设规划范围

0 100 300 600 1000m

图1 崇雍大街区位示意图

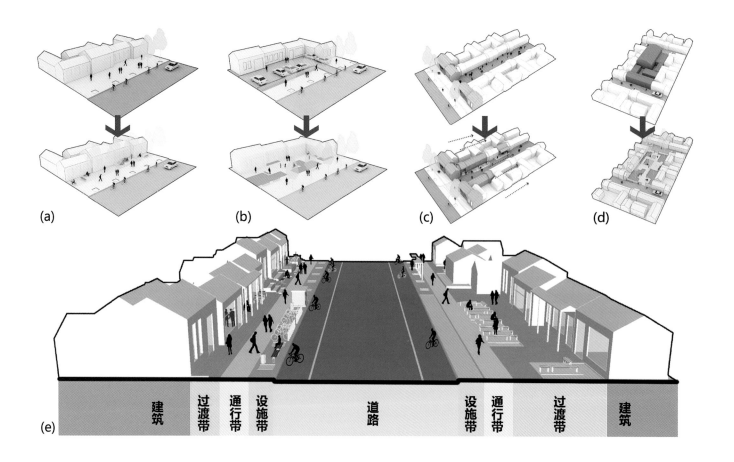

(a)

(b)

(c)

(d)

建筑　过渡带　通行带　设施带　道路　设施带　通行带　过渡带　建筑

(e)

图 2　街道公共空间体系构建

图 3　儒道禅韵节点文化景墙

图 4　雍和宫大街改造后街景

二、困境与机遇

1. 重要的城市运转动脉

崇雍大街南接天坛，北抵地坛，可谓"天地之街"，是除北京中轴线以外，现存最完整的老城轴向空间。自元代起崇雍大街便是都城"九经九纬"中的一经，时至今日仍是老城东部重要的南北向交通动脉。大街的商业街特色也源于元代，几经时代变迁仍影响着大街的主要业态。

2. 独特的历史文化地标

崇雍大街两侧分布着雍和宫、国子监、东四牌楼等重要城市地标，体现着城市格局变迁的历史信息。其沿线还保存有 7 片历史文化街区，保留着传统老北京特色的生活氛围。可见，崇雍大街是北京老城内独一无二的一条街道，且同时承担着交通、商业、文化等多重功能需求。

3. 复杂的多方问题交汇

崇雍大街作为传统城市空间格局的延续，在面临现代日常生活及城市发展的需求时，衍生出了各种问题，涉及多专业的内容，包括建筑风貌混乱、立面一层皮与院落格局脱离；混行情况严重、慢行环境品质较差；街道设施混乱繁多、缺少统一的布局；缺少优质、舒适的公共活动空间，文化彰显不足等。在对街道空间的提升过程中，也必须考虑各种需求之间的相互制约，在各方间寻求平衡。

图 5　雍和宫大街步道街景

图 6　雍和宫大街树池连通

三、针对性更新策略

北京作家老舍先生曾在《想北平》中称赞"北平在人为之中显现自然，几乎什么地方既不挤得慌，又不太僻静"，"它处处有空儿，可以使人自由的喘气"。北京老城规划是中国传统城市规划设计的精华之作，由街道、胡同、四合院共同组成的外部空间，构成了多尺度、多功能、多层次的舒适宜人的人居环境。在本次的城市更新工作过程中，项目组也试图构建符合当今需求的宜居、活力、特色的老城外部空间体系。

1. 市坊间：从街市到住宅的完整格局

现今的老城空间从街市到住宅，仍延续着传统的"街道—胡同—院落"格局，但由于现代生活的功能需求，街巷的尺度、胡同的功能、合院的形态等都自发地产生了更多变体。

街道，是最具公共性的空间，也是人群交往最多的空间。通行空间应保证优先路权并连续不断，提供安全舒适的步道；建筑前过渡空间应有较为明确的界定，并适当营造灰空间及外摆活动空间；节点场地应适当腾退基础设施占据的硬质铺装，增加开放式绿地空间；对个别重要的城市地标，应重塑视线廊道和空间意向。

胡同，作为次一级的道路，提供半公共半私密的空间，既需要满足社区交往的需求，也应允许一定程度的商业渗透，以丰富城市空间的功能及形态。对老城停车空间的疏减以及违法建设的拆除都有助于梳理胡同空间，腾退出的小空间可作为绿地或休憩场所，为居民提供日常的交往空间。胡同口作为街道和胡同的过渡空间，也应通过景观元素或空间变化起到提示性的作用。

院落，则是私密的空间，应结合统规自建的院落更新模式，引导民众拆除私搭乱建，恢复建筑和院落的格局关系。可以学习传统的"天棚鱼缸石榴树"，在院落内打造舒适的户外空间，院内的绿色空间也会是城市整体绿化景观的一部分。

2. 街巷间：从车行到人本的市井道路

在原先的发展阶段，城市建设以车行为优先改造道路，北京老城区内现有的主要交通道路大多如此。随着老城保护及绿色交通等理念的普及，在城市更新工作中，将原有车行优先道路改造成为以人为本的街道成为趋势。

优化步道空间：通过腾退违法建设、电箱三化工程以及交通路板调整等多专业协作的方式消除通行瓶颈，保证足够的通行宽度；通过不同形式及规格的铺装将街道划分为设施带、通行带、过渡带等功能空间，进一步明确空间功能；在小路口处采用与人行道相近的铺装，强调行人路权，提示机动车减速。

提升植物景观：在条件允许的情况下，在行道树不连续的段落进行补植，形成连续的绿化基底；适当连通树池或扩大种植池面积，改善现状树的生长环境，增加绿视率；路侧绿化配合节点空间，增加具有北京特色的植物品种，丰富观赏层次和季相变化。

完善街道设施：结合电箱三化工程，对基础设施进行小型化、隐形化、美观化改造，减少基础设施对街道空间及风貌的影响；对有功能需求的家具小品，应进行补充和完善；包括座椅、栏杆、花钵、标识等在内的街道家具应采用统一的设计元素，保证整体风格、材质的统一。

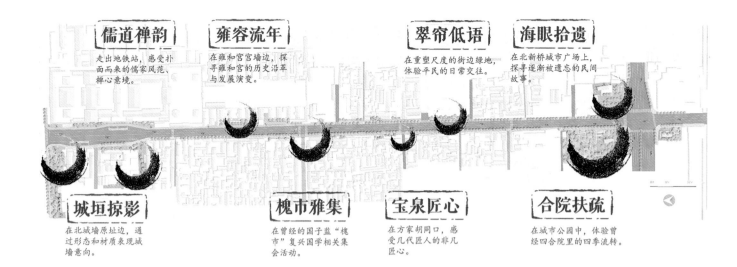

儒道禅韵

走出地铁站,感受扑面而来的儒家风范、禅心意境。

雍容流年

在雍和宫宫墙边,探寻雍和宫的历史沿革与发展演变。

翠帘低语

在重塑尺度的街边绿地,体验平民的日常交往。

海眼拾遗

在北新桥城市广场上,探寻逐渐被遗忘的民间故事。

城垣掠影

在北城墙原址边,通过形态和材质表现城墙意向。

槐市雅集

在曾经的国子监"槐市"复兴国学相关集会活动。

宝泉匠心

在方家胡同口,感受几代匠人的非凡匠心。

合院扶疏

在城市公园中,体验曾经四合院里的四季流转。

图 7　雍和宫大街总平面及景观节点布局

图 8　儒道禅韵节点的夜间活动

图 9　宝泉匠心节点地面特色铺装

图 10　儒道禅韵节点文化墙及遮阴廊架

3. 邻里间：从街角到绿地的社交空间

除快速通行的线性空间以外，能够停留、聚集、休憩的稳定空间也是城市社交的必需品。在调研中就能看到许多自发形成的活动区人群，但所处环境品质较低。由于老城建设密度较大，需要尽可能挖掘空间，以营造满足此类日常休闲功能的景观节点。

挖掘空间，因地制宜：根据空间尺度主要划分出三个类型。大型节点（2000 平方米以上）主要包括路口转角及大尺度建筑前的整块空间，应适合结合街区历史文化，打造满足日常活动的社区公园。中型节点（300～2000 平方米）包括步道较宽敞段、地铁出口及部分重要胡同口，应结合功能需求，利用有限空间设置供居民交往、游客休憩的街边小广场。微型节点（300 平方米以下）多为依靠建筑立面或墙体的小空间，利用小品设施或景观装置打造点景的街道微空间。

构建系统，有序分布：三种尺度的节点共同构成节点体系，形成有节奏的街道公共空间序列。在此基础上，还需应考虑周边地块的人群构成，力求满足不同人群、不同年龄段在各时间段的活动需求。节点主题还应尽可能挖掘所属街区丰富的历史信息，通过景观元素进行展示和表达，形成街道乃至街区文化展示体系，增加街道及街区的辨识度。

图 11　翠帘低语节点沿路界面
图 12　宝泉匠心节点街景　图 13　翠帘低语节点廊架下活动空间

四、实践探索

雍和宫大街位于崇雍大街的北段，长度约为全段的 1/5，已于 2019 年 10 月竣工。作为崇雍大街街道改造提升的先行示范段，既落实了整体规划设计理念及策略，也为后期工作延续提供了宝贵经验。项目组的工作内容主要包含道路空间和节点空间两部分。

1. 顺畅便捷的道路空间

道路空间需要满足通行、休憩及自行车停车等需求，面向雍和宫、国子监的外来人群和日常活动的本地人群是主要的空间使用者，大量的居住类建筑面向大街开门使两类人群的活动交汇于人行道之上。

消除通行瓶颈：结合建筑拆违与交通路板调整优化通行空间，结合多杆合一及电箱三化工程，迁移阻碍通行的基础设施，消除了通行瓶颈点，保证全段基本的街道宽度。

铺装划分空间：通过同材质同色系不同规格的铺装样式对街道空间进行划分：通行带位于中间，保证 3 米的宽度承担主要的通行功能，将原有的石材更换为透水材料，避免积水打滑产生的安全隐患；过渡带位于建筑前，结合建筑界面的凹凸进退，增设部分路侧绿带，提供居民活动或行人驻足的空间；设施带位于路侧行道树沿线，利用拆除的旧材料进行再加工重利用并作为自行车停车区域的铺装。

优化街道设施：在道路宽度充足的位置局部设置树池连通，增设绿篱，起到隔离栏杆的代替作用，同时增加绿量。根据需求情况在设施带布置自行车停车桩、树池篦子、果皮箱、花箱等街道设施，街道设施均采用统一元素进行设计。

2. 独特宜人的节点空间

在通行空间以外，利用街道两侧地块扩展出街道公共空间，前期规划方案中沿街布置了"雍和八景"作为体现街道特色文化的景观节点，体现了街道周边如雍和宫、国子监、北城墙、方家胡同、四合院、北新桥民间故事等多个文化主题，共同构成街道文化展示体系。但由于用地条件及其他各种问题本期只实施其中三景。

"儒道禅韵"节点位于 5 号线雍和宫地铁站 G 出口，现状虽为绿地空间但封闭昏暗，小路被停车占据，绿地里常有人存放垃圾。改造后将原本占据中心位置的两组大电箱小型化并靠墙设置，利用开敞空间形成曲径通幽、绿树成荫的小微绿地，增设廊架和座椅，提供乘凉休憩的活动场地；地铁出口处增设以陈仓石鼓为题的文化景墙，展示街区传统国学文化特色；曲线路径视线对着雍和宫正殿山墙，从地铁向大街行进时，两侧竹影相衬形成良好的观赏视廊。

"翠帘低语"节点是雍和宫大街沿线唯一一处大尺度建筑退线空地，连续的低层建筑界面和小尺度的街道空间到此处突然断裂。设计根据用地红线将原停车场腾退为公共空间；南侧用于放置全街小型化的电力设施，其余部分增绿化作为街区小公园。沿街道界面增设几组廊架，采用传统四合院建筑立面的天际线，延续街道界面的传统空间尺度。内部则通过凹凸变化，围合出廊架下遮阴的停留聚集空间，提供日常休闲活动空间。种植方面保留现状大树和紫藤，种植元宝枫、紫丁香、黄杨等增加植物景观季相变化。

"宝泉匠心"节点位于方家胡同口，方家胡同作为沿街一个拥有丰富历史文化信息的胡同，在胡同口的位置利用不大的道路扩展空间，增设了小节点空间。以拐角处建筑山墙为衬，种植玉兰、萱草作为局部植物景观视觉焦点，同时围合小空间。地面铺装采用传统的剁斧面石材铺装，金属铺装条展示方家胡同的平面及主要院落的历史变迁，试图激发公众对进一步了解和探索城市变迁的兴趣。

雍和宫大街的改造提升作为崇雍大街的起步段，取得了较好的效果，对整体的风貌和人居环境都有很大程度的改善，而在实践中遇到的一些问题也将成为后期工作的宝贵经验。老城区复杂无序的基地现状使得项目组不得不多次根据实际情况调整方案；民众对于自身利益的各种需求和想法，也与项目组产生碰撞，使得方案进一步贴近民众实际需求；民众对于空间使用的习惯，也需要配合管理方进行循序渐进的引导等。

五、结语

　　在此次雍和宫大街改造项目实施的过程中，作为崇雍大街整体改造的初期示范段，项目组通过实践也反思和总结出老城更新的一些技术措施及工作方法，作为后期工作的宝贵经验。

　　系统施治：老城更新是一个需要多专业协调配合的综合性工作，各专业考虑自身需求的同时更应该考虑整体效果，达到需求间的平衡。

　　构建平台：城市更新的设计方案需要充分考虑现状情况，特别是老城区域由于历史悠久、早期资料缺失、用地权属复杂等各种不可避免的问题，在未来的项目中应该提早构建沟通平台，实现多部门的顺畅协作。

　　以人为本：城市更新工作具有很强的社会属性和社会意义，规划设计及建设实施过程中充分征求人民意见，强调公众参与，才能实现其社会价值。

　　文化为魂：以景观环境为载体，在更新中强调对历史文化、城市记忆、格局脉络的探寻与传承，是延续历史文脉，彰显文化自信的核心工作。

　　北京老城的城市更新是一个漫长而持续的过程，需要政府部门、规划单位、设计单位、管理机构、民众等多方的关注和共同努力。雍和宫大街街道空间的提升改造是崇雍大街环境改造的探路石，也是北京老城更新的一小步，需要在更长远的实践过程中，发挥专业优势、统筹各方需求、汲取经验教训、营造北京特色的城市街道空间，实现北京老城的城市外部空间体系复兴。

老城文化场所的复兴
——海口三角池片区景观环境整治更新

CITY CULTURE REVIVALS
Renovation Project of Landscape Environment in Haikou Sanjiaochi

项目区位：**海南省海口市**

项目规模：**10 公顷**

起止时间：**2017 年 6 月～ 2018 年 3 月**

业主单位：**海口旅游文化投资控股集团有限公司**

项目类型：**老城区改造提升**

一、缘起

1988 年，海南建省之初，10 万人才过海峡，有不少闯海人最初都是聚集在海口三角池片区，准备开始他们的闯海梦。当时有一处具有代表性的场所是刚毕业的大学生聚集地，他们在围墙上粘贴留言、互换信息，关注招聘信息，墙上密密麻麻贴满了各式各样、风格不一的自荐信、招聘书。夜幕降临，还不时有大学生在墙附近朗诵诗篇，弹弹吉他，大声歌唱，宣泄情感，抒发心中所想。

这就是位于海口老城中心，人民公园附近的三角池。那面墙就是闯海人都知道的"人才墙"，也称"闯海墙"。这里见证了海口改革开放三十年的发展历程，是十万闯海人梦开始的地方，承载了一代闯海人的记忆。

二、困境与机遇

三角池片区地处海口中心城区，紧邻城市主干道，可达性强。人民公园东西湖提供了优质的大环境。这里也是十万闯海人梦开始的地方，见证了海口改革开放三十年的发展历程。这里曾经是一个环境优越、文化丰富、人气颇旺的地区，随着城市的发展建设，居住人口的增多，三角池也不可避免地患上了"城市病"，突出的矛盾和问题使这里逐渐成为鲜有人迹的边缘地带。

1. 恶劣的生态环境：由于城市管网建设的不健全，雨污合流现象普遍，东西湖水体受到严重污染。每逢台风季来临，道路积水、湖体混浊、异味扑鼻，环境状况堪忧。

2. 消极的公共空间：由于湖体硬质岸线的阻隔，市民可近水

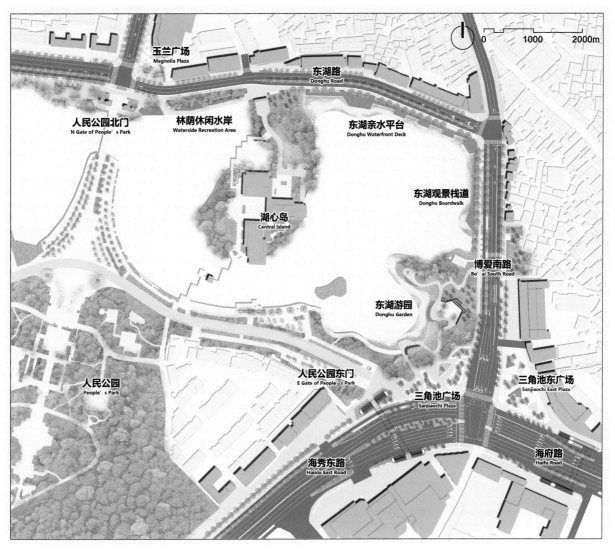

玉兰广场
Magnolia Plaza

东湖路
Donghu Road

人民公园北门
N Gate of People's Park

林荫休闲水岸
Waterside Recreation Area

东湖亲水平台
Donghu Waterfront Deck

东湖观景栈道
Donghu Boardwalk

湖心岛
Central Island

博爱南路
Bo'ai South Road

东湖游园
Donghu Garden

人民公园东门
E Gate of People's Park

三角池东广场
Sanjiaochi East Plaza

三角池广场
Sanjiaochi Plaza

人民公园
People's Park

海秀东路
Haixiu East Road

海府路
Haifu Road

图 1 总平面图

却无法亲水。高大的围栏与浓密的灌木阻挡了观湖的视线，使本就体量偏小的水体空间显得更加闭塞拥堵。沿湖的公共空间大量被停车、共享单车、缺乏管理的市政设施占据，市民活动空间被压缩的现象极为突出。街道家具整体质亏量缺，部分区域安全隐患突出。

3. 遗失的城市文化：曾经的闯海记忆现已无迹可寻，同质化的街道景观与其他地区无异，乡愁被遗忘，留下的只有城市衰退的印记。

城市双修理念——"生态修复、城市修补"于 2015 年在中央城市工作会议后由住房和城乡建设部提出。"生态修复"指用再自然的理念，对受到破坏的自然生态系统的恢复与重建工作，增强生态功能。"城市修补"指以更新织补的理念，修复城市设施、空间环境、景观风貌，提升城市特色和活力。

党的十九大之后，结合国家新的发展理念，海口市提出了要以城市更新工作来引领城市发展，解决不平衡不充分发展问题的目标。结合省会的复杂性，海口市城市更新工作既发挥自身已有的城市"双创"成效，又充分借鉴了以往的城市"双修"经验，在"双修"和"双创"两重目标下开展城市更新工作，力图在整体、系统、协同推进生态文明建设方面形成全国示范，扛起生态文明建设的省会担当，加快建设经济繁荣、社会文明、生态宜居、人民幸福的美好新海口。总体来讲，可以概括为"系统施治、整体提升、项目带动、远近结合、内外兼修、久久为功"的新模式。

本次三角池片区景观环境整治工程是三角池片区综合性城市更新工作的重要组成部分，结合建筑风貌整治、道路交通优化、夜景照明亮化等相关内容，旨在提升老旧城区的空间环境品质。

三角池广场平面图

三角池广场效果图

九口广场海绵设施布置图

被九市政雨水网

被九市政雨水网

被九市政雨水网

图 2　三角池公园鸟瞰效果图

图 3　海绵设施设计图

———

图 4　儿童在水边嬉戏

图 5　市民在林荫下读报

图 6　亲水平台与潜流湿地 1

图 7　亲水平台与潜流湿地 2　　图 8　亲水平台与潜流湿地 3

图 9　亲水平台细部 1

图 10　亲水平台细部 2

图 11　亲水平台细部 3

图 12　亲水平台细部 4

图 13　湖心岛航拍图

三、针对性更新策略

针对本地区的问题，规划设计工作从五个方面提出更新的策略方法，以确保复杂问题的有效解决和规划设计理念的完整落实。

1. 塑完整街道

对街道空间进行精细化设计，打造以人为本的优质街道空间。既要满足海绵城市的功能需求及交通组织功能需求，同时应成为具有活力的城市公共空间。在交通组织上，压缩机动车宽度，弱化机动车同行，强调慢行空间的设计。打通沿湖的滨水绿道系统，将滨水交通空间划分为滨水慢行栈道、市政人行道、街道家具设施带、非机动车道四层空间系统，满足不同市民的多重使用需求。在雨水系统设计上，建立街道海绵设施系统，将市政雨水管网与海绵设施相结合，机非隔离带内局部设计下凹绿地与生物滞留池，滨湖绿带沿线设计贯通的植草沟与雨水花园，既保证地表径流雨水的排放，也减少了地表面源污染对东西湖水体的影响。活动空间设计上，利用滨湖空间的宽窄变化，结合现状遮阴乔木的种植位置，合理划分通行空间与停留休憩场所，将原本单调的线性空间改造为满足不同年龄段使用需求的多元活力的城市交往空间。

2. 引蓝绿入城

对滨湖的景观界面进行打通处理，消除湖体周边的闭塞感，将东西湖美景引入城市之中。沿湖植物景观做减法，现状大乔木保留不动，去除沿湖绿地中生长杂乱的灌木，形成椰林、大叶油草组成的疏林草地为主的总体景观风貌。打开视线通廊后，穿行于城市道路的市民也可观赏到清新明亮的东西湖景致。

沿湖硬质景观强调亲水性设计，对原有硬质驳岸进行大规模改造，营造草坡入水、湖滨湿地等生态岸线景观。设计高差变化的滨水景观栈道，在满足安全规范的前提下，尽可能采用低矮的栏杆形式，使亲水真正成为可能。改造后的栈道区以三角池为最受欢迎的活动空间，湖滨漫步、老人乘凉、孩子戏水，人与自然和谐相处。

图 14　亲水平台与潜流湿地 4

图 15　林荫下的慢行系统　　图 16　儿童在水边嬉戏

图 17　榕树下乘凉的市民 1　　图 18　榕树下乘凉的市民 2

3. 净水体生态

针对东西湖水体污染严重的问题，设计利用景观与工程手段相结合的措施，构建滨湖潜流湿地与水体净化系统。在沿湖10～15米的范围内，结合驳岸生态化改造，设计具有水体净化功能的潜流湿地，通过木桩形式，将湖体水面分为高差不同的两层空间。首先，分层处理后的湖体的雨水调蓄能力得到了加强，台风季前，可人工降低主湖体水面，保证瞬时雨水的蓄滞，大大缓解了城市内涝问题。而近岸区域标高较高的湿地区保证了沿湖景观不会因湖体水位下降而受到影响。其次，新增的潜流湿地内通过火山石碎石填料、水体循环管网、湿地净化植物的布置，对主湖体水体起到了生态净化的作用，大大改善了水体水质。最后，多样的水生植物也起到了生态科普教育的功能。

4. 显闯海精神

设计以闯海精神与建省纪念为主题思想，在滨湖绿地内设计建省闯海纪念园，集闯海精神彰显、历史记忆、市民使用等多重功能于一体。设计理念上，采用了100根石柱与30块石基阵列的方式，象征"坚如磐石、实现百年梦"的主题。阵列布置的方式既体现庄重、大气、秩序，又融于绿化环境之中，避免了空间上的压抑感。纪念园作为游览序列的高潮，其开敞空间可对望湖心岛，形成了环湖观景的视线焦点。

5. 善精细设施

在街道设施和城市家具设计上，采用了统一设计语言和设计元素，以三角形为母体，通过组合和变化应用于地面铺装、景观标识、家具小品等设计之中，打造具有地区特色的街道特色景观。夜景照明与亮化设计同样与景观、建筑统筹考虑，点亮城市之眸。

图 19　市民在大树下休息

图 20　闯海纪念园 1
图 21　闯海纪念园 2

四、结语

老旧城区环境更新是一项复杂的工作，强调多专业、综合性的更新方法，兼顾生态效益、景观效益、经济效益、社会效益、文化效益多方面的结合，充分发挥景观环境在其中的复合作用，让城市再现绿水青山，促进城市健康可持续的发展。

系统施治：城市更新是一个多专业配合的综合工作，强调综合性规划设计一起做，专项设计深化做。景观环境提升应以园林专业为主体，强调其自身的复合性以及与市政、交通、建筑等其他相关专业的联系性，避免治标不治本的表面提升。

因地制宜：城市更新是一项针对性较强的规划设计工作，合理有效的更新应建立在对现状特质、资源条件、内在问题深入剖析的基础上，避免规划设计套路化。

生态为基：生态系统的修复与完善是景观环境的基础，在对生态过程、生态问题深入研究的基础上，将生态修复措施与景观环境建设相结合，是保证景观环境可持续发展的根本。

以人为本：城市更新工作具有很强的社会属性和社会意义，本质上是为更多的老百姓服务，规划设计过程中征求百姓意见，强调公众参与，才能实现其社会价值。

文化为魂：以景观环境为载体，在更新中强调对历史文化、城市记忆、格局脉络的寻与留，是传承历史文脉，彰显文化自信的核心工作。

我国城市经过了几十年的高速发展期，已进入了由增量发展向存量更新的转变期。老城区作为城市生活的中心地段和建设最早的地区，在经历了发展、繁盛之后，普遍开始进入衰落期，生态环境、生活品质、文化传承等方面的问题日益突出，对老旧城区的更新复兴已迫在眉睫。本项目以景观环境提升为核心对海口老旧城区环境进行整治，作为一次城市更新实践，是未来城市更新工作的一次宝贵经验。

图 22 沿街景观界面

图 23 市民在滨水平台活动
图 24 绿拱门

216

图 25　老年人在广场晨练

图 26　儿童在广场玩耍

图 27　夜晚在广场上进行轮滑学习的儿童

街道环境让城市生活更美好
——三亚解放路环境整治更新项目

STREET ENVIRONMENT MAKES CITY LIFE BETTER
Renovation Project of Environment in Sanya Jiefang Road

项目区位：**海南省三亚市**

项目规模：**5 公顷**

起止时间：**2015 年 6 月 ~ 2016 年 12 月**

业主单位：**三亚市住房和城乡建设局**

项目类型：**综合环境建设**

一、缘起

2015 年 6 月，住房和城乡建设部支持三亚开展生态修复和城市修补，发文明确三亚为全国城市第一批"双修"的试点城市，经多方论证选择了一批具有代表性的生态修复和城市修补示范项目。解放路位于三亚市天涯区河西片区，道路全长约 4.3 公里，是三亚市城市中心区重要的综合性主干道。作为城区内的公共服务中心，解放路示范段被选定为三亚城市修补的示范项目，修补后将成为集中展现三亚多元形象、优美整洁风貌以及良好环境的窗口。

二、方案概况

示范段范围位于光明街至和平街之间，是解放路南段约 0.5 公里长的路段，该路段是三亚城市中心的重要组成部分，道路两侧聚集了大量的商业、服务业等公共性功能。修补工作首先认清街道商业步行性道路属性，大思路是通过街道空间的改造提升，优化步行环境、提升绿化景观、完善街道设施，将解放路由交通通行空间改造为安全、舒适的绿色街道空间。

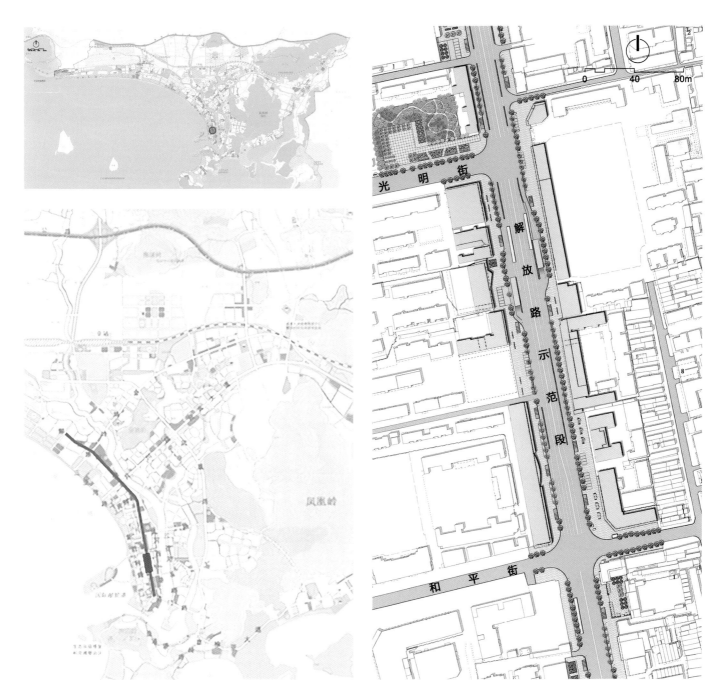

图 1　三亚解放路示范段区域位置

图 2　示范段范围示意　　图 3　解放路示范段平面图

1. 主要问题

项目组在调研时发现，解放路虽然具有较高的功能定位，但是现状低端的业态、杂乱的建筑风貌和街道环境却与功能定位严重不符。

（1）建筑风貌

解放路示范段沿街整体建筑风格较为杂乱，不同时代的设计元素在立面上缺乏协调，无法体现三亚特有风貌特色，整体色调较为杂乱，部分过于浓艳。广告牌匾设置杂乱无章，破坏建筑整体形象，甚至影响采光和使用。

（2）街道环境

街道步行空间狭窄，被设施侵占，步行体验感很差。街景绿化严重缺乏且配置方式单调；城市家具及无障碍设施不足或缺乏修缮和维护；街道标识系统及公共艺术严重缺位，尤其是旅游相关标识有待于完善；夜景照明不足导致夜间步行安全性差。

图4　修补前突出问题

图5　街道"U"形空间示意图
图6　建筑改造效果图

2. 方案特色

设计方案经过多轮比选、汇报终于定稿：建筑风貌特色塑造思路是通过对城市的历史人文特色挖掘，通过对海南骑楼元素的使用达到文脉修补的目的；街道设计特色塑造是减少车行交通面积，增加的空间留给步行，为商业街提升活力。

（1）统一建筑风格，提升建筑品位

利用骑楼元素，重点改善沿街建筑一、二层的界面视觉质量。建筑顶部体量适度调整，形成"裙房+主体"的分段关系。统一风格杂乱：使用骑楼元素统一沿街建筑界面的设计风格，同时注意在材质、色彩、装饰细部等方面形成变化。对于现状中已有骑楼形式的建筑，要用恢复原貌、风貌优化两个步骤，忠实原有建筑的设计思路，保持城市记忆与城市风貌的多样性。同理，骑楼元素统一了沿街广告牌匾。

（2）优化空间配置，提升步行空间质量

改善步行环境：骑楼连续的檐廊灰空间起到了遮阳挡雨的作用，有效改善了街道的慢行环境质量，有效地提升了街道的慢行环境的舒适性，体现了具有三亚地方特色的街道空间。丰富绿化层次、美化街道环境、体现地方风情。区分空间节奏：对道路两侧人行道至建筑骑楼路面的铺装、城市家具、景观植被进行整体设计，对一些重点节点部位，如广场、步行街、街道转角地带做开放式处理，城市家具设计选取生态环保的本地材料，并结合体现地方文化的装饰纹样，强化三亚城市特色。

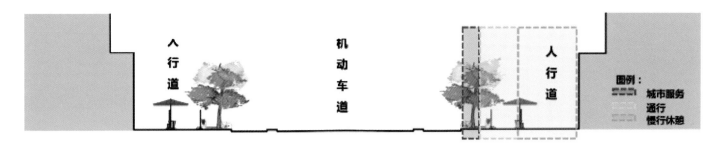

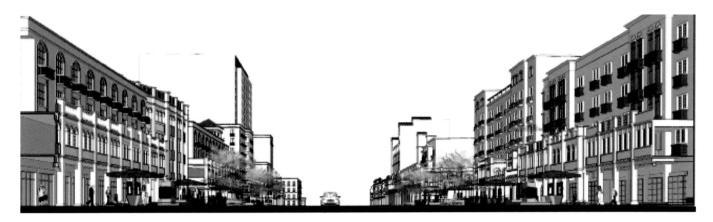

体现海绵城市设计理念：在有条件的地段，非机动车道和人行道之间设置下凹式种植池，将人行道和非机动车道的雨水引入种植池，竖向设计以满足雨水的收集利用为基本要求，充分利用三亚有利于植物生长的气候条件，在保障通行的前提下，尽量增加种植空间。街道地面铺装材料使用透水砖，增强雨水渗透能力。夜景采用多种照明方式营造街道氛围，骑楼照明突显休憩空间温馨、舒适的气氛，城市家具照明起到指向性与标识性作用。

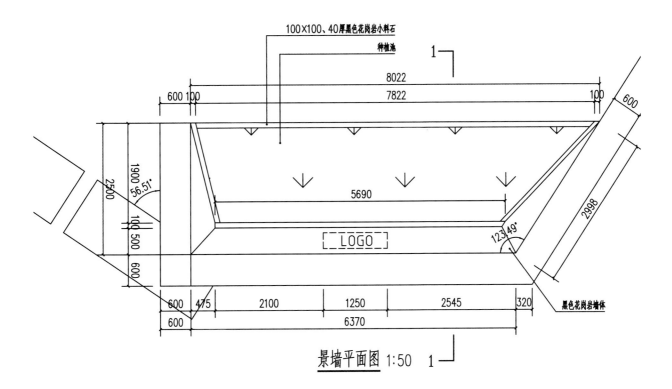

100×100、40厚黑色花岗岩小料石

种植池

8022

600 100

7822

100

600

2500

1900

56.51°

100 500

600

5690

LOGO

2998

123.49°

黑色花岗岩墙体

600 475

2100

1250

2545

320

600

6370

景墙平面图 1:50 1

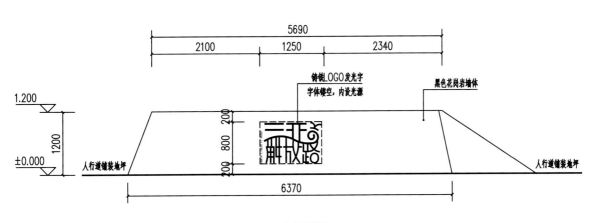

5690

2100

1250

2340

铸锐LOGO发光字
字体镂空，内设光源

黑色花岗岩墙体

1.200

1200

±0.000

200 200

800

800

200

人行道铺装地坪

人行道铺装地坪

6370

正立面图 1:50

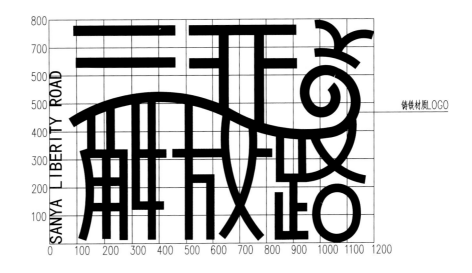

铸铁材质LOGO

① LOGO 放样图 1:10

图 12 改造前后效果对比

图 13 座椅 图 14 树池

图 15 海绵雨水收集口 图 16 阻车花篮

图 17 垃圾箱 图 18 标示牌

三、街道修补方法研究

解放路示范段项目是"双修"中城市修补的典型案例，是针对城市发展到现阶段，已经或即将出现的、突出的问题进行系统性应对和整治的工作过程。通过城市修补的实践工作，达到满足市民使用需求、促进公共活动开展、提升城市空间品质等目的。城市修补不是"大拆大建"，也不是"立竿见影"，而是通过细致而有针对性的方案、多方面且有持续性的动作来解决城市问题的工作过程。通过项目设计与实施，对现状问题复杂的街道修补项目，可总结以下方法：

1. 城市街道，回归以人为本的核心职能

城市街道特别是老城区商业街，往往是一座城市中使用频率最高的公共空间，同时又是城市活力的体现，需要满足使用者人群需求、展现城市风貌的职能。其中改善和提升城市街道为人服务的能力是当前街道建设的首要任务。解放路仍然是围绕以小汽车交通为核心的思路，只重视城市道路红线以内的车行道、人行道建设，置道路红线以外的行人空间于不顾，恰恰是商业街建筑前区空间，是最吸引出行者前往的城市活力空间。

因此，对于承载大部分本地居民和外来游客购物、休闲活动的老城区商业街来说，空间设计不应仅限于传统的道路红线范围，只要是有人活动的空间，包括车行道、人行道、广场空间、建筑前区空间，都应该统一纳入整体设计范围内，对商业街道空间设计进行整体统筹，确定"公交＋慢行优先"的交通策略以指导街道空间设计，打破目前道路设计和景观设计等专业之间的专业分隔，避免由于专业视角的不同造成人活动空间的割裂以及设施使用方面的不便。

图 19 修补后街景照片 1

2. 专业融合，提升街道"U"形空间综合环境

解放路综合环境建设项目涵盖了包括沿街建筑立面风貌整治以及街道空间环境建设这两个主要的方面，其中每个主要方面又包含多个子方面，需要统筹多部门的实施抓手，具有很强的综合性。此次综合环境整治所涉及的专业领域包括规划设计、建筑设计、景观设计、道路交通设施、照明设计等，充分体现了专业的融合。通过各专业的协同合作，对解放路"U"形空间内所涉及的包括建筑立面及街道环境的各个方面进行综合的整治与更新，实现街道空间品质和综合效应的整体提升。

街道"U"形空间提升内容   表1

建筑界面风貌整治	建筑立面	建筑风格、色彩、材料的调整及建筑细部构件的增加
	广告牌匾	规范广告牌匾，制定摆放规则
	楼面绿化	点缀式地增加垂直绿化，装点和美化建筑立面
	楼面照明	强调重点地段、重点建筑的楼面照明方式
街道空间环境建设	道路交通	车行道、公共停车场、人行道、公交站等
	绿化植被	行道树、花灌木、绿地、花坛花池等
	市政设施	井盖、树池、变电箱、消火栓、护桩、各类杆线等
	街道照明	道路照明、公共空间节点照明等
	城市家具	座椅、垃圾桶、电话亭、邮箱、售货机、宣传栏等
	无障碍设施	盲道、坡道、坡道护栏等
	标识系统	道路交通标识、市政服务设施标识、路名、小区和建筑门牌号等
	公共艺术	城市雕塑、环境小品、招贴海报等

3. 责任落实，有效推进项目实施

解放路示范段综合环境建设项目主要包含了建筑立面、道路交通、景观环境、夜景照明四个主要部分工作。实施过程中，经三亚市政府统一安排，该项目由三亚市住房和城乡建设局作为业主单位进行总体统筹，由中国城市规划设计研究院的相关设计团队作为技术总负责，对项目的实施进行持续跟踪服务。将该项目的主要工作进行分解，进而形成项目册，并具体落实每个项目的负责单位以及相对应的设计团队，包括建筑设计团队、景观设计团队、道路交通设计团队及照明设计团队，对项目施工进行跟踪和监管，责任到人，有效保障和推进项目的实施。例如在街道环境实施中建立"总监制"，各种材料问题包括样式、规格、色彩、质感等问题均由设计院委派的设计总监现场确定后采购，成为贯彻设计意图的有效保障。

图 20　修补后街景照片 2

图 21　修补后街景照片 3

图 22 修补后街景照片 4

图 23 修补后街景照片 5

图 24 具有骑楼元素的建筑界面 1

图 25 具有骑楼元素的建筑界面 2

图 26 具有骑楼元素的建筑界面 3

图 32　街拍　　图 33　机非分流

图 34　街道绿化 1　　图 35　街道绿化 2

图 36　街道绿化 3　　图 37　街道绿化 4

图 38　街道综合环境建设效果

图45 优美有序的街道环境

四、结语

　　整治前的解放路示范段街道由于脏乱差的环境和低端的业态而缺乏人气，整治后优美的街道环境吸引了不少高端业态，居民和游客纷纷回归，很多时尚的年轻人还把街景作为拍摄婚纱照的背景，城市修补创造出更美好的城市生活，提升了人民获得感与幸福感。

　　2016年12月，住房和城乡建设部在三亚召开全国"双修"现场会，充分肯定三亚试点工作成果；继三亚之后，陆续进行了第二批、第三批城市双修试点，均取得了良好成效。目前城市更新仍是改善人居环境的重点任务，希望解放路城市修补为今后的城市更新提供经验，同时衷心地祝福三亚人民生活越来越幸福，期盼我国城市人居环境越来越美好。

生态建设类
ECOLOGICAL CONSTRUCTION

大河新生
——记滹沱河生态修复工程
REBIRTH OF GIANT RIVER
Hutuo River Ecological Restoration Project

三期工程：黄壁庄坝下至中华大街段
涉及平山、灵寿、鹿泉、正定和新华区，
河道全长约24公里。

项目区位：**河北省石家庄市**

项目规模：**248.2 平方公里（含水域）**

起止时间：**2015 年 10 月至今**

业主单位：**石家庄市水务局、石家庄市园林局**

项目类型：**河道生态修复**

一、项目缘起

　　滹沱河发源于山西省晋北高原繁峙县横涧乡泰戏山脚下的桥儿沟村。西汉前，滹沱河一直为黄河支流，以"善淤""善决"而闻名，有"小黄河"之称。到了金代，黄河南迁，滹沱河才归属海河。滹沱河流域地势变化明显，源头流经山西黄土地区，上游流域面积大，地势为盆地，河床宽浅、坡度平缓，两岸黄土砂砾沉积很厚，为滹沱河泥沙主要来源。河流穿越太行山脉时，河道变窄，坡陡流急，河流咆哮而下，把上游的泥沙全部冲下。至河北省境内河床逐渐开阔，坡度变缓。浅山丘陵河段两岸黄土分布较广。到鹿泉黄壁庄出山，水势变缓，石子和泥沙开始逐渐淤积，形成石家庄区域内的大片肥沃的平原，使这片土地成为北方最早开发的地域之一。

　　中华人民共和国成立以来，上游水库的修建以及过度的地下水开采使滹沱河流域水生态环境出现了较大变迁。仅仅 60 多年的社会发展中，滹沱河流域出现了"断流""水体变质""地下水位下降"等各种生态问题。

　　我们第一次来到滹沱河的现场是 2009 年 10 月份，那时的滹沱河还是一片荒沙滩，满目疮痍，挖沙留下的大坑随处可见，一刮风便是黄沙漫天。汇入滹沱河的太平河当时已经得到妥善治理，颇有"北方小西湖"的感觉。站在子龙大桥上俯瞰河道，虽然满目黄沙，但河道那宽阔无际的气势还是令人印象深刻。

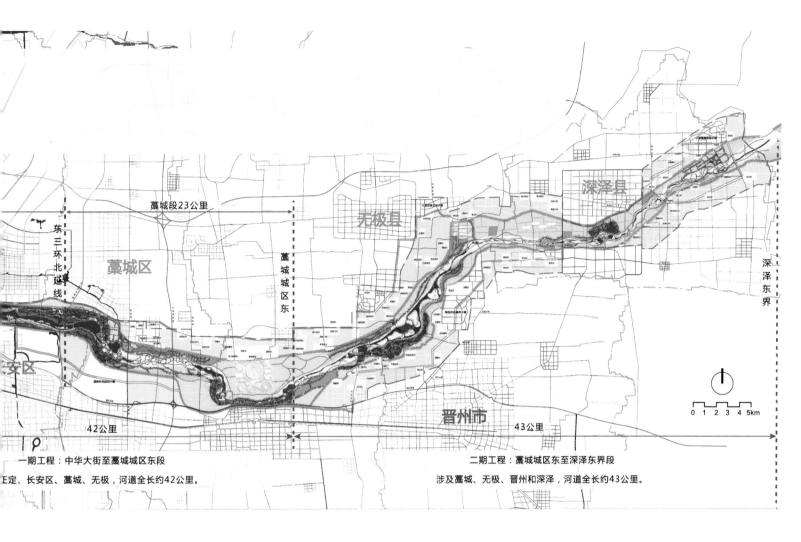

东三环北延线

藁城段23公里

无极县

深泽县

藁城区

藁城城区东

深泽东界

安区

晋州市

42公里

43公里

0 1 2 3 4 5km

一期工程：中华大街至藁城城区东段

E定、长安区、藁城、无极，河道全长约42公里。

二期工程：藁城城区东至深泽东界段

涉及藁城、无极、晋州和深泽，河道全长约43公里。

图 1 《滹沱河生态修复规划（暨沿线地区综合提升规划）》总平面图

图 2 滹沱河沿线区县分布图　　图 3 现状用地分析图

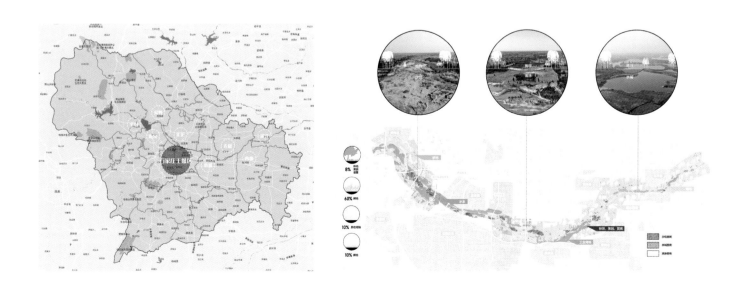

8%

60%

10%

10%

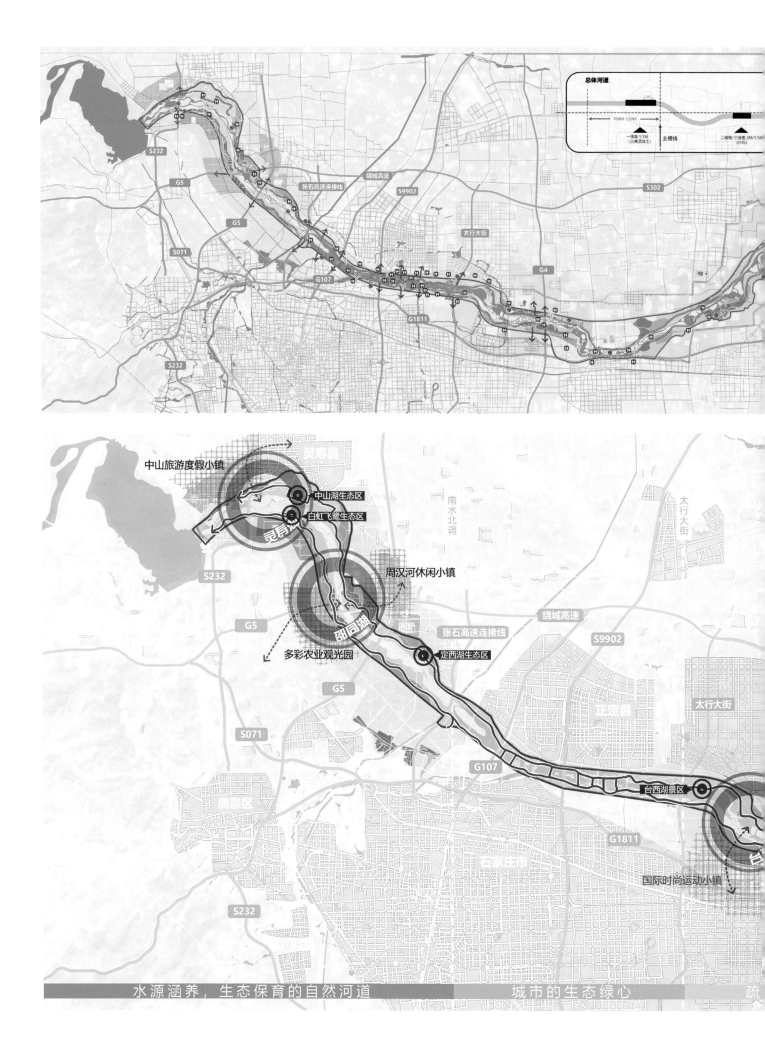

中山旅游度假小镇

灵寿县

中山湖生态区

白虹飞鹭生态区

南水北调

周汉河休闲小镇

邵同湖

多彩农业观光园

张石高速连接线

定西湖生态区

绕城高速

S9902

太行大街

正定县

鹿泉区

石家庄市

台西湖景区

国际时尚运动小镇

水源涵养，生态保育的自然河道　　　　　城市的生态绿心　　　疏

驿站
卫生间
球场

2015 年，省委省政府对滹沱河两岸生态及景观环境品质又提出了更高的要求，随着中央城市工作会议的召开，滹沱河两岸的建设进入了新的阶段。我单位在原先工作的基础上，展开了一系列与滹沱河相关的规划设计项目，时至今日，工程建设仍在如火如荼的开展。从规划设计到落地实施，滹沱河项目群贯彻了"一张蓝图绘到底"的精神，项目体系的完整度和延续性较高。

图 4　服务设施分布规划图

图 5　景观分区及功能结构图

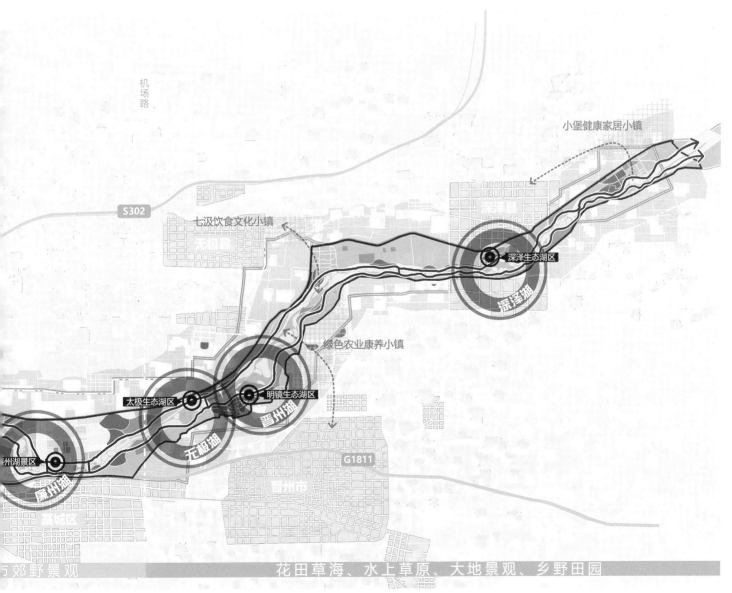

图 6　大河两岸是家乡

二、总体设计

项目群中起到提纲挈领作用的是《滹沱河生态修复规划（暨沿线地区综合提升规划）》，规划提出的理念、原则、分期规划等都为后续项目的顺利展开提供了强有力的指引和依据。规划范围西起黄壁庄水库一直延伸至深泽安平界，对 109 公里沿岸进行系统性梳理，将滹沱河定位为石家庄绿色发展带、京津冀沿河发展示范区，从生态滹沱、安全滹沱、文化滹沱、活力滹沱及智慧滹沱五大层面提出规划设计要求。并按照"一城七县、拥河发展；安全为本、生态为基；蓝绿交融、景美民丰"的发展战略，进行全方位生态修复，统筹周边城乡空间建设，构筑滹沱河两岸生态带、景观带和产业带。从保安全、复生态、强核心、延县城、富村镇、通道路、传文化及全智慧八个方面制定规划策略，形成水绿交融、城河互动的健康河流廊道。

在河道水系规划上，在保证行洪安全的前提下，遵循河流自然形态特征，保证河流纵向的连续性，利用目前已经形成的水流通道及现状沙坑，形成水流顺畅的主槽形态。同时综合考虑石家庄水资源短缺、滹沱河沙质土壤等特点，规划除主城区 19 公里蓄水外，其他区段按照"小水大绿"的理念，营造"溪流湿地河道 + 小型湖面"交替的湿地型河流。在河流廊道景观格局层面，以农田和广阔的河漫滩为基底；连续的河流水系及道路系统为廊道；洲岛、水塘、现状林地、公园节点等为斑块，构建健康可持续的河流生态格局。各县区正对位置拓宽河道成为小型湿地湖面。各小湖之间以溪流连接，既节约水资源，又保证了节点段景观效果，并补充地下水。

本次滹沱河生态修复工程规划中不仅从与河道建设息息相关的多个方面针对主要问题提出了原则和策略，更重要的是明确了近期建设重点和未来发展模式。如"强核心、延县城"两项举措，一方面进一步加强了滹沱河城区段的重要性，在已有现状水面和景观的基础上根据石家庄总体规划"依山拥河"规划思路，打造城市之眼，建设河湖景区。另一方面，沿线七个县区以生态恢复提升为契机，以滹沱河生态风景与文化资源为引力源，引导县城拥河发展。邻水四个县城（灵寿、正定、藁城、深泽）均规划有滨河城市特色风貌区、滨河生态公园、河中节点湖面。不邻水县城（鹿泉、无极、晋州）结合资源特色和河道水系，建设滨河郊野公园和特色小镇。

图 7 俯瞰城市轨迹

图 8 河道生态修复为城市发展注入动力

图 9 新老植物有机融合

图 10 城市轨迹内铺装变化

图 11　火车带来的记忆
图 13　狼尾草和新疆杨是这个场地里不可缺少的角色
图 15　锈板景墙记录不同历史时期的车票

图 12　火车拉来的城市
图 14　铁轨元素的使用
图 16　锈钢板景墙记录火车历史变迁

图 17　韵律感的铺装与铁轨搭配
图 18　大片混播花海的盛花期
图 20　新城大道下的花海

图 19　假龙头花海
图 21　石笼过水通道成为鱼虾和孩子们最爱的地方

三、关于大尺度河道生态修复的思考

1. 无为而治

当绿地的规模超过一定尺度，就已经不是传统意义上的风景园林的范畴了。它是无法用简单语言描述的，而且超越了设计师的创作意志。也许在建成之初，绿地呈现的风貌如你所想，但随着时间的流逝，景观会逐渐褪去人工的痕迹而获得了一种自然天成的面貌。对于生态修复工程，任何急功近利的做法都可能会收获惨痛的教训。

有效与科学的规划确实是一切工作的坚实基础，但即使已掌握大量资料，做好充足准备，在这个过程中仍然会面对不确定性。生态修复工程，其实是一种指导性的辅助设计，人工与自然力的贡献各占一半，建设过程中应怀着对自然的敬畏之心，遵循客观规律，坚持因地制宜的原则，发挥生态系统自修复功能。

适当留白、最小干预、有效引导不失为一种生态智慧。在滹沱河生态修复工程进行过程中，自然变化产生的效果给我们带来惊喜。大面积混播地被中，野草和人工播种的植物经过一个生长季的磨合形成了美妙的风景；在河岸边抛下的卵石，经过一个雨季河水涨落之后，石滩缝隙中自行长出芦苇及蓼科植物；沙洲浅滩区域灌草群落为鱼虾提供了庇护所及繁殖栖息地，同时也吸引了大量鸟类前来觅食。

2. 跨界合作

20世纪50～80年代，我国河道建设还是以水利工程思想为主导，常用的是裁弯取直、缩窄河道、硬化衬砌的方式。但这种做法逐渐暴露出诸多问题，如水质变差、河床淤积、河水断流、生物多样性锐减、河道景观效果差。所以自20世纪90年代开始，河流生态整治的概念走入人们的视野。经过一段时间的探索和实践，河流生态修复从理念到技术手段构建了一套比较成熟的体系。河流生态修复不仅是自然资源的问题，更涉及政治、社会、经济、文化等多个层面，无法依赖单一专业或部门去解决，需要多角度思考、多专业协作配合。

滹沱河生态修复工程中所涉及的专业涵盖水利、生态、风景园林、城市规划、文化旅游、水土保持、土壤生物、道桥、建筑结构、电气、给排水等。前期规划阶段涉及内容广泛，由城市规划及风景园林进行主导能够更加全面、系统地进行思考，更关注河流及

图 22　草木枯荣，生生不息 – 春生　　图 23　草木枯荣，生生不息 – 夏长

图 24　草木枯荣，生生不息 – 秋收　　图 25　草木枯荣，生生不息 – 冬藏

图 26　滹沱湿地大柳树送来夏季凉爽　　图 27　滹沱湿地大柳树带来秋季色彩

其周边空间所形成的生态格局，关注河流与城市的多维互动与共同成长。规划在后期指导建设的过程中，不局限于河流本身，最终实现的是人与自然的和谐共处。风景园林设计既要保证行洪安全，同时也要兼顾景观效果及游览体验。因此，施工设计前期各专业间的充分沟通及对接尤为重要，提前针对不确定、不可控的因素提出应对策略，了解各专业底线，建立共同的价值目标体系，切实有效地推进多学科的融合。

3. 因地制宜

由于项目超大的规模尺度，河道上游至下游面临不同的问题，抱有不同的诉求。综合考虑社会、经济、文化、生态、交通等因素，结合分期建设规划，将滹沱河划分为三种不同风貌的河段，在整体协调统一的基础上，营造差异化的河道景观。并通过不同程度的人为介入引导，结合自然之力共同修复河流生态系统、重塑河道景观风貌。

上游段 24 公里河段，西侧紧邻黄壁庄水库，位于地下水源一级和二级保护地范围，地理位置重要，但生态本底受损、生态系统脆弱。生态修复以洪水蓄滞、生态保育、水源涵养为主。结合现状生态本底，通过清运垃圾、护滩疏槽、生境营建等措施，形成疏林湿地、溪流湿地及蓄滞湿地类型，呈现大河湿地、百鸟家园、绿洲繁英、休闲田园的风貌特色。

城区 19 公里河段，北临正定古城及正定新区，南岸为石家庄主城区，区位优势明显，且河道两岸环境已经过多年治理，现状基础条件良好。采取近自然的方法构筑生态基底，使上下游自然风貌和谐统一。在景观体系构建上着重发力，注重亲水空间布局、城市交通衔接及景观视廊通透，同时充分融合多元文化，树立石家庄滹沱河形象品牌，成为燕赵大地上最亮丽的风景线。

自城区段再往下游，由于生态补水的实施在河道内形成不稳定水面，水生态环境脆弱。沿河下游游赏需求逐渐减弱，降低景观及游憩设施的建设强度，生境修复更多地借助自然之力，对于现状生长较好的植被能留尽留，同时注重表层土的收集利用，形成乡土原生植被群落。两岸更注重结合区县产业优势，发展高效农业，营造花田草海、水上草原、大地景观、乡野田园的风貌。

图 34　湿地内通过原生树的保留成景

图 35　日暮下的滹沱湿地　　　　图 36　季节性"漂浮"栈道

图 37　新建的特色座椅使"滹沱之舞"更时尚

图 38　活动器械丰富了场地功能

四、结语

这几年我们围绕滹沱河所做的工作不过是其漫长历史变迁中极其短暂的一瞬，但却在大河的生命中留下了浓墨重彩的一笔。滹沱河的生态修复为石家庄城市建设带来新的契机，蓝绿交织的河流为城市发展提供源源不断的动力，人们在河边享受自然的美好和生活的乐趣。只有从本质上理解生态、敬畏自然，创建复合目标体系，搭建多方合作平台，构建全过程管理体系，生态建设才有可能走得更远。相信终有一天种子会成为参天大树，江河会川流不息、润泽万物。

图 39　滹沱之舞成为市民夏日休闲纳凉的好去处　　图 40　将原来消极的空间变为功能性场所

图 41　简单的设施就可以彻底改变场地面貌　　图 42　梅园题诗景墙

图 43　俯瞰滹沱之舞

图 44　滹沱飞霞 1

图 45　滹沱飞霞 2

图 46　滹沱飞霞 3

图 47　滹沱守望者－映秀塔之春

图 48　滹沱守望者－映秀塔之夏

图 49　滹沱守望者－映秀塔之秋

图 50　滹沱守望者－映秀塔之冬　　图 51　夕阳映秀半江红

图 52　树与塔两两相望

图 53 藏在杨树林中的小廊架 　　图 54 儿童游戏场

图 55 儿童游戏场中飘落的树叶 　　图 56 儿童游戏墙近景

图 57 儿童游戏环

图 58 俯瞰田园花溪

图 59 俯瞰东明曦湖 　　图 60 明曦湖公园全景

图 61　金晖广场向日葵花田

图 62　金晖广场一角　　　　　图 63　河湖公园休闲码头

图 64　明曦湖公园的金晖广场　　图 65　石磨汀步

图 66　小鱼面向青少年活动中心　图 67　掩映的趣味

图 68　骑行爱好者的天堂

图 69　俯瞰多彩园地

图 70　2 号堰掠影

图 71　无极滹波剪影

图 72　余晖下的河边卵石滩　　图 73　晋州唐襟风清　　图 74　通向天边的骑行路

图 75　奥体公园活力运动轴

图 76　奥体公园湿地

图 77 奥体公园湿地生态岛

图 78 荻花飞舞
图 79 湿地生态岛近景
图 80 生态岛上的矮蒲苇
图 81 竹筏之乐

图 82　子龙码头

图 83　保留的杨树会随滹沱河一起成长

图 84　梁思成与林徽因在正定　　图 85　小天鹅一家

图 86　滹沱秋色　　　　　　　　图 87　白尾鹞飞掠花海

图 88　秋天的杨树与鼠尾草　　　图 89　河边的黑翅长脚鹬

　　　　　　　　　　　　　　　　图 90　白鹭在这里生息

273

家门口的"大森林"
——中关村（森林）公园规划设计

THE "BIG FOREST" AT HOME
Zhongguancun (Forest) Park Planning & Design

项目区位：**北京市海淀区西北旺镇**

项目规模：**158 公顷**

起止时间：**2012 年 3 月～ 2014 年 11 月**

业主单位：**海淀区园林绿化局**

项目类型：**郊野公园**

一、项目缘起

在中关村（森林）公园建成之前，这里曾是北京著名的"蚁族"聚集地唐家岭村，流动人口大量聚集，违章建筑鳞次栉比，基础设施配备不全，给人留下"脏、乱、差"的场地印象。在现代化城市的快速发展和生态文明的战略背景下，环境问题已成为制约城市发展的瓶颈，大城市边缘地区的"蚁族"聚居现象成为不可忽视的大问题，越来越多的城中村改造被提上日程。2010 年唐家岭地区启动旧村拆迁改造工程，2012 年全市启动平原造林工程，唐家岭地区成为重要的改造对象。

二、总体设计

位于北京市海淀区唐家岭的中关村（森林）公园，总面积158 公顷，北邻航天城，南接中关村软件园，东依京新高速，地理位置十分优越。

设计师在设计之初就对周边的使用人群和需求进行了详细的调研走访，高、快、新的空间氛围以及当代大多数人被互联网束缚的现状，引导我们去思考什么样的空间能够吸引人们走到户外，去释放、解压、享受生活？近自然的森林空间，圃野轻松的氛围是我们追求的目标，我们希望游客在这里可以沉淀自己的思绪，消除往日的压力，享受与大自然交流的宝贵瞬间。

图 1 总平面图

与此同时，作为平原造林的重点项目，中关村（森林）公园是林？还是园？在这过程中设计师们试图探索一种"林＋园"的设计模式，我们将公园定位为营建近自然林为主体的城市生态绿肺。公园以"生态、自然、科技、文化"为主题，以"森林基底、林窗斑块、绿色步道"为结构，通过布置适当的活动场地和设施，满足市民自然休闲、运动健身、科普教育等功能需求，体现科技的创新性应用，形成以森林空间为主体的近自然城市森林公园。

1. 塑造近自然的森林空间：森林生态系统和湿地生态系统

森林生态系统的营建关键在于尊重大自然、模拟大自然，充分利用自然力，使人工林或次生林接近潜在自然植被状态，达到森林生物群落动态平衡。

将喜光的先锋树种与耐阴的中生树种株间混交，充分利用光照，并为以后的植被演替提供条件。在密林中适当保留林窗，为灌木、草本及部分动物提供多种生长环境，提高生物多样性。

依据场地地形整理及植物耐旱喜湿特征，采取不同的群落。增强土壤渗水性，并收集场地雨水形成小水面，为小型动物提供水源，并为喜湿植物提供生长环境。

注重水平复层林和垂直复层林的构建，下层植物以混播的形式形成具有动态变化的草地景观，多种植物混播，种间竞争激烈，某种物种不适应时会被其他物种很快代替，不会留下裸地，大片栽植可形成一个连续的整体。

当雨季来临时，雨水流过长满植物的坡面，降低地表径流的同时将雨水汇入不同的下凹绿地、植草沟、雨水花园、旱溪等设施，通过分级集水管理，最终汇入不同的雨水湿地。随着持续的降雨，水位逐渐升高，达到一种原始的自然动态过程，大雨过后的公园也形成了美丽的水景观。

公园内地形的坡度对地表径流的控制有着重要意义，设计师在进行了大量的研究之后，最终将坡度控制在 5% ~ 12%，可以最大限度地减小地表径流，缓解雨水对土壤的冲刷。

动态水景观意味着在植物选择上需要适应不同时期的水位变化，设计师在这些区域选取既耐水湿又耐干旱的树种，将树木自身需水高峰期和北京地区降雨高峰期相契合，实现不同时期景观的最优化。

2012 年 7 月暴雨过后，雨水全部汇集于雨水花园和雨水湿地中，成功地实现了公园雨水的自我消纳。

图 2　保留现状长势良好的大杨树

图 3　晨练的人们
图 4　带有场地记忆的景墙
图 5　道路系统延续村路肌理
图 6　丰富的植物群落

图 7　健身步道环 1　　图 8　利用旧砖建造的挡土墙

图 9　健身步道环 2

图 10　LOGO 墙

图 11　青砖花台

图 12　观景平台与雨水花园

图 13　林间休憩场地 1
图 14　林间休憩场地 2
图 15　林间休憩场地 3

图 16　林间栈道 1
图 17　林间栈道 2

图 18　栈道漫步

2. 找寻人与自然更好的共处模式：人群使用功能的自我发掘

公园是充满生活气息的地方，在公园中能够最快触及本地居民最真实的生活状态，它应该是不受限的，设计师赋予了场地更多的可能性，让使用者在公园中能够以最舒服的方式与自然对话，不需要过多的设计和繁杂的装饰，生活的美好便藏进了一草一木之中。

孩子是公园的活力和生机之源，岸边的竹筏小船、水里的蝌蚪、林中的蝴蝶都能成为他们专属的游乐场。每个空间都有无限可能，这里春夏繁花盛开，初秋又变身人们最爱的放风筝和野餐场所。东西贯通的15公里健身步道环，吸引了周边数公里的跑步爱好者。公园里的清晨总是有早起锻炼的人群，跳舞、耍鞭、健身、武术，让这里充满了人气。

3. 延续场地记忆：家门口的公园里回忆老宅故事

公园是在原有村宅和大棚拆迁后的宅基地上建设的，老街、影壁、古井、大树、道路肌理、一砖一瓦都是场地的记忆，作为设计师，能够让这些回忆在场地里尽可能得到延续，是为他人留下的宝藏，也是送给自己的嘉奖。

场地中保留的构筑物是最能反映时代特征的记忆，公园北入口的古庙、影壁作为历史元素和新的景观巧妙结合，向人们展示唐家岭的历史记忆。

公园里的道路系统并非完全重建，而是在现有村路肌理的基础上进行演绎延续，希望居民行走在其中能感受到沿途的文化记忆和老街的生活场景。

对于场地内现有的老槐树和高大杨树，设计师将这些现状大树与场地完美结合，建立起与人群休闲需求相适应的功能场所，赋予了它新的生命和意义。

红砖是当地民居建筑的主要材料，它记录着村民生活、居住的传统印象。在拆迁过程中，设计师有意保留大量的红砖，并将其应用到景墙、挡土墙、坐凳、树池小品的设计中，使其在原有环境中得以生长和延续。

图 19　跑步爱好者的圣地 1
图 20　跑步爱好者的圣地 2
图 21　跑步爱好者的圣地 3

图 22　入口大门 1

三、大尺度生态设计手法的研究

1. 近自然平原森林营造手法

林地营造——营造"异龄、复层、混交、近自然"的地带性植被。

混交林：避免单树种大规模种植，不迷恋乔灌草模式，生态兼顾景观。可采用不规则团状混交、散点式株间混交等，形成大杂居小聚居的混交模式。

复层林：园林中常可分为水平复层林和垂直复层林，一般表述为乔灌草搭配。不是层数越多越好，越复杂越好。从景观学角度出发，注重林缘线、灰空间和郁闭空间、森林氛围、安全感等。从生物学角度出发，关注微观尺度、种植方位、生态位关系、郁闭度和立地条件。

异龄林：通过合理的群落树种配置、种植密度、合适的萌发土壤、合理的管护等措施，人工促进形成异龄林。

树种选择——以"乡土、长寿、抗逆、食源、景观"树种为主。

2. 雨水湿地植被恢复设计研究

遵从植被恢复的自然规律。植被恢复和植物生长环境的改善是一个相互促进的过程，给予植株一定的生长时间，充分发挥植物自身修复环境的能力，能够以较小的代价营造出丰富的湿地生境。

营造生境为目标的植物群落设计。良好的生境也意味着多样的植物种类、自然的群落式种植，这些均对植物群落的设计提供了参考，是植被恢复工程的捷径。植物群落中应用蜜源型、多花粉、浆果类植物提供了昆虫和鸟类的觅食地，不同树形的树木、灌木等能满足鸟类、湿地动物必要的栖息环境，如鸟类筑巢的场所、青蛙越冬的场所，创造复杂的湿地植物群落结构有助于生物多样性和环境美化。

弹性的植物种植设计。湿地植被恢复应考虑降水年际变化、植物的生长、土壤水肥条件和渗透率变化，这些因素均对湿地植被的恢复产生影响。北京地区雨水湿地的立地条件随季节有强烈的变化，这对植物选择提出较高的要求。植物的种类选择和栽植方式应基于雨水湿地的规模、地形特点、功能和景观要求等方面综合考虑，给予一定的弹性，为植被的全面覆盖提供良好的基础。

适当的低维护。低维护一方面减少投入，另一方面也减弱人工对自然恢复进程的干扰。稳定后的雨水湿地只需要很少的管理养护，待植物秋季种子成熟后，将地上的干枯植株收割即可。

动态的跟踪监测。动态跟踪监测的目的在于检验设计方案的有效性，有助于设计师掌握北京地区雨水湿地生境恢复的过程，以及相似自然条件下植被恢复的规律，改进植被恢复的设计方法。

图 23　休闲廊架 1　　图 24　休闲廊架 2

图 25　休闲廊架 3　　图 26　延续场地记忆的特色廊架

图 27　森林剧场

图 28　特色台阶

四、结语

　　园林是一直在生长变化中的景观，在中关村公园建设的过程中以及建设完成后，设计团队对它进行了持续的跟踪研究，在这期间，我们连续多年观察雨季雨水收集和利用情况，明确了合理的分区汇水方式及指标；研究了雨水湿地植被恢复存在的问题以及改造策略；研究了混播地被的动态景观变化及优化方案，这些持续跟踪研究的成果为我们后期项目的实践提供了有力的支撑。

　　中关村（森林）公园经过几年的自然生长，已经形成了稳定的森林生态系统，"复层、异龄、混交"的近自然森林空间深受市民喜爱，儿童、老人、成年人、全职妈妈、周边上班族全龄化使用，满足健身、跑步、聊天、聚会、野餐、露营多类型活动需求，市民对公园的使用需求、多样化程度要求越来越高，未来的中关村公园，借助良好的森林基础，我们更应该多关注人、关注人的活动习惯、关注人在自然中的状态，实现人与自然真正的和谐共处。

　　在公园里走走逛逛，看着它的成长和变化，我们才感觉到时间的流逝。希望在这里人们能够卸去所有的防备，放下俗世的纷扰，"赤条条"地钻进森林里，像儿时一样尽情撒欢。

为北京城市副中心种下一百万棵树
——潮白河森林生态景观带建设工程

ONE-MILLION-TREE
Chaobai River Forest Ecological Landscape Belt Construction Project

项目区位：**北京市通州区**

项目规模：**1500 公顷**

起止时间：**2017 年 6 月～ 2020 年持续建设中**

业主单位：**通州区园林绿化局**

项目类型：**新一轮百万亩造林**

春在紫气烂漫中赏杏花桃雨，夏在流苏回雪中看绿野满林。

秋在金枫彩廊中观芳草摇曳，冬在银装素裹里寻虬枝傲寒。

日月变更，寒来暑往，

绿叶素荣，纷其可喜。

大河静静流淌，奔流不息，

森林欣欣向荣，永续生长，

在自然的森林中放松疲惫的身心，

在野趣的环境下遇见生活。

一、项目缘起

透一片新叶，凌干顷碧波，看不尽层林尽染，百草丰茂。潮白河森林生态景观带位于北京城市副中心东部生态绿带范围内，分四期建设，是北京城市副中心东部生态绿带上的大尺度森林，是构建副中心"一心、一环、两带、两区"绿色空间结构的重要支撑。

2018 年 5 月，设计团队第一次来到现场，便被这里质朴的风光吸引。这是一片饱含生机的土地。潮白河碧水泛波，犹如一位年轻的母亲，怀抱着副中心这片土地；大堤上，一排排毛白杨健硕的身躯直冲云霄，繁茂的枝叶在堤顶路上形成一道道绿伞，初夏的暑气似乎在这里瞬间消散；一片片新植的造林，虽还有些稚嫩，但也呈现欣欣向荣的面貌；规则的麦地、星布的鱼塘、农

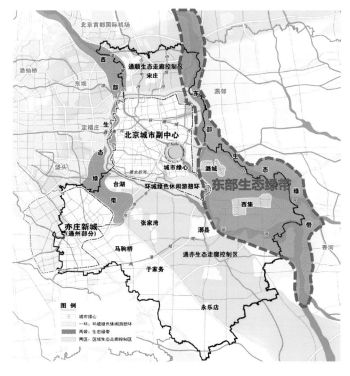

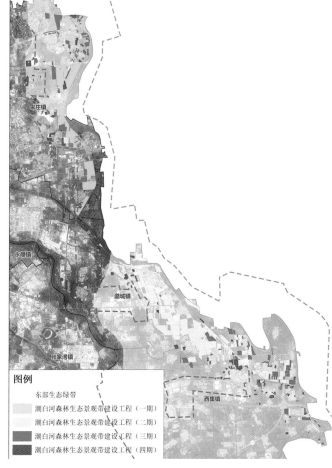

图1　东部生态带
图2　潮白河景观带建设

忙的老翁，好一幅田园牧歌的诗意画卷。

　　同时，这也是一片脆弱的、沉睡的土地。林地虽多，但分布不连续；树木量虽大，但种类较少，生物多样性缺乏；河水丰沛，但两岸鲜有鸟禽，生态系统不稳定；村庄遍布，但活动设施亟缺，游憩设施缺乏；大量拆迁地、腾退地、宗地分布其中，生态修复任务巨大。

二、方案概况总体设计

　　潮白河森林生态景观带整体定位为水韵林海——水绿共融的大尺度森林绿带。依托潮白河森林、河流、湿地资源，构建大林、大水、大美的自然生态森林。

　　以生态风景林为基底，构筑大尺度的平原森林、河流湿地生态基底，形成健康稳定的生态系统，起到水源涵养、调节区域气候、增加生物多样性等作用。选择乡土、长寿、抗逆、食源并兼顾景观的树种，多种混交方式并用，营造异龄、复层、混交、多功能的森林生态系统；在近自然森林的系统中，构建大美彩叶林、十

里彩叶道、双层香环和多食源头等特色林地，提升林地景观效果。

　　活力共享的森林林窗为游客及周边群众提供休闲活动的场所。森林林窗引入休闲活动空间，以最小干预的方式布局林窗活动节点。彩叶森林中穿梭绿道，串联沿线重要景点，成为潮白河沿线亮丽的风景线路。同时也是将散布的游憩节点串联，形成一条连续的森林休闲绿廊。

三、潮白河畔种下的百万棵树

　　这是一片生态的树林。

　　如果只是局限于红线范围内的设计，那将无法解决系统性的难题。我们将设计的着眼点放在了整个东部生态绿带，从京津冀协同发展的角度，进行生态系统层面的统筹分析，研究系统性生态问题。从规划的视角，审视跨区域生态协调发展的突破点。在大尺度范围内进行生态分析，对影响生态空间集中程度和连续性的区域进行识别并提出针对性的解决方案，强调生态空间与城市组团的联系和渗透，绘制生态空间的"一张蓝图"。

陆地　　　　浅水区　　深水区

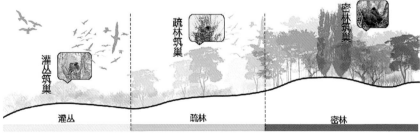

灌丛　　　　　疏林　　　　　密林

在这张蓝图的统筹下，营建动物栖息地，从而唤醒自然，展示全森林生境链。结合森林生态景观带丰富的水系和海绵城市建设理念，营造平原地区典型的河湖湿地、季节性雨水湿地、森林湿地、草甸湿地等多样化的湿地，完善不同类型湿地的植物群落，为各种鸟类提供觅食和栖息场所。营造林窗分布合理、林缘丰富多样的密林、疏林和灌丛三大典型的筑巢地，形成复合的林地生境和连续的系统体系，为鸟类、小型哺乳类动物提供栖息、繁衍生存的场所。在森林生态景观带的种植规划中对植物品种和植物层次进行合理布局，提高绿化的空间异质性，保证绿地的整体性和连续性。同时，结合水陆环境，形成稳定的食物链和一定区域内自然和谐的生物家园。结合森林动物生境，选择相适应的植物。结合全园场地园路布局及植物季相特性，划分特色生境区，营造特色的生境之路，打造独具特色的森林空间自然教育体验。

通过空间和植物营造，形成三大类十三种特色生境。自然保护林生境强调森林的自我演替和动物栖息，禁止人的进入。密林生境内基本无道路及游人活动，受人为活动影响较少，可作为小型哺乳类如野兔、攀禽类如啄木鸟等动物栖息地。疏林生境为游憩、景观结合型生境，群落层次以水平郁闭型为主。依托城市生态绿廊和景观通道的防护林带生境可供斑块中各种小型动物沿廊道移动。游憩林生境为游憩主导型景观林，与自然保护林生境共同构成园区本底，是游人主要活动场所。林窗草地生境为游憩主导型生境，主要由丛状乔木和缀花草地构成的半开敞、开敞空间，是森林的林窗。开敞灌草丛生境主要由缀花草地、灌木丛构成的开敞空间。小型湖泊生境通过水生、耐水湿植物的种植，展现水体景观。季节性雨水湿地生境以洪水期被淹没、枯水季节出露河湖洲滩为主的生境，有季节性水位变化，适于涉禽类栖息。湿生草甸生境水分多，地下水水位高，地表水较少。河溪生境主要是对现状排涝干渠为主体的水系网络的生态廊道建设，同时重视两岸绿化和保护。乡野农田生境以展现农田景观为主的大面积平原乡野景观。田园果林生境以营造成片的花海、果林景观为特色，为蜂、蝶类提供栖息地。

01 针阔混交密林型

02 疏林型

03 开敞草地型

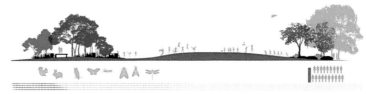

04 湿地型

05 道路绿廊型

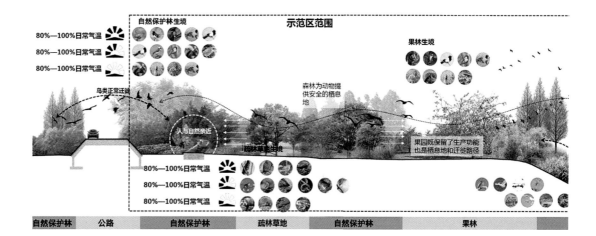

图 3　构建湿地生境
图 4　构建林地生境

图 5　典型生境类型
图 6　典型生境模式

293

这是一片自然的树林。

利用拟自然的设计手法，因地制宜，适地适树，应用乡土树种，构建异龄、复层、混交的地带性近自然森林。

新增林地强调混交、异林化、自然演替的种植模式，主要构建生态基础林，局部构建核心景观林。核心景观林速生慢生混交、常绿落叶搭配，并适当开林窗形成异龄复层混交林，采用垂直混交和水平混交相结合的方式，营造近自然森林群落结构。

范围内现状林地，采用整体保留，分类提升的方式。针对已有平原造林，移留结合。根据新的路网系统，移除新加场地、道路位置的大乔木，移出植物在新建地块内消化。在道路两侧丰富群落层次，使森林结构近自然化。在场地及主一级园路周边，植物以 12～14 厘米大乔，7～8 厘米亚乔为主，新增多种灌木。沿道路系统在主路两侧约 50 米范围林缘种植半荫灌木；新增场地周边增加观赏性强的喜光灌木；远离道路的林中种植耐荫的蜜源、果源灌木。同时结合现有地被的长势，在一、二级园路周边增加一定宽度的地被植物。

现状果林采取有机景观式改造和自然化改造两种方式。有机景观式改造通过栽植下层观赏地被，丰富果园的季相变化和观赏时期，并能吸引蜜蜂等昆虫传粉。或在周边补充种植观花亚乔，扩大规模，形成特色。自然化改造的果园则是尽可能降低人工干预，不再追求果树的产量，仅对生病植株和枝干进行修剪，促使果树的自然生长，为森林动物提供食物来源。

现有经济林（速生杨为主）通过人类的主动干预，通过间伐补植等方式，充分利用自然力，对现有林地进行抚育更新，不断优化森林结构和功能，使之逐步形成稳定的森林生态系统。

这是一片活力的树林。

抛开疲惫的身心，置身鸟语花香、空气清新的森林里，我们会感受到万物生长、欣欣向荣。它们富有野趣且变化无穷，在这里，我们可以真正回归一种源于自然、表现自然、回归自然的形式和本质。在这片大森林中，我们运用特色纯林、生态展示林、雨水湿地等多种独特的方式体现空间和植物的美，从而突出群聚生长、灵动变幻、色彩缤纷的感受。

绿道自北向南途径宋庄、潞城、西集三镇，以大尺度生态林为基础，串联若干彩林片区。多个植物特色景观各具特色，金叶满林、春色满廊、香林美棠、湿塘彩林成为新兴的生态网红打卡景点。

图 7　蓝绿交织的大尺度森林

图 8　大自然中的亲子交流

图 9　森林绿道 1

四、结语

如今的潮白河沿线，森林规模巨大，绿量充沛，林木繁多。河边水禽结队，空中飞鸟成行。村头的森林生态景观带里，时常传来孩童的嘻嘻欢笑。全线贯通的绿道上，骑友结伴穿行乐在其中。生态文明建设的累累硕果正在不断提升人民的幸福感、获得感。

充分利用林窗空间，结合微地形的塑造，融合功能性与景观性，营造出张弛有度、收放自如的林间空间变化。精心设计的林窗与地形植物协调一致，同时又使得自然空间变得合理而多变，吸引游人进入赏玩。

肃肃花絮暖，菲菲红素轻。各类观赏类草本及碎石路面营造野趣的植物搭配氛围，在不同的角度下体验万物生长，每一刻的感受都随着时间的推移而产生不同的变化。移步易景、色瓷缤纷，在不同的状态和光线下，景观呈现不同的趣味与变化。依托于植物营造出时而开放可以聚会的林窗场地，时而私密给你放空思绪窃窃私语的安静场地，时而半开半放欣赏美景，空间的变化宛如音乐般跳动的旋律，在这片森林中，无时无刻不在享受这种大自然带来的奇妙感受和惊喜。

图 10　村头森林

————

图 11　宜人的滨水空间　　图 12　大尺度的花海 1

图 13　林窗——露营的最佳去处　　图 14　大尺度的花海 2

图 15　森林绿道 2　　图 16　大尺度的花海 3

绘田园稻香翠景
——2018 年海淀区上庄地区速生林地改造工程——稻香云林地块

AFFORESTATION PROJECT ON A MILLION UNIT PLAIN
Haidian Shangzhuang Landscape Design of Rice Fragrant Cloud Forest Plot

项目区位：**北京市**

项目规模：**37.33 公顷**

起止时间：**2017 年 10 月～ 2019 年 10 月**

业主单位：**北京海融达投资建设有限公司**

项目类型：**乡村景观**

一、缘起

项目位于北京市海淀区上庄镇，北邻翠湖南路和东马坊村，面积达 37.33 公顷，约 559.7 亩。根据《北京市城市总体规划（2016—2035 年）》，项目位于北京市第二道绿隔郊野公园环，应构建以郊野公园和生态农业为主的环状绿化带。项目亦属于海淀区北部生态科技绿心的田园牧歌景区，是联通稻香湖公园、翠湖湿地公园、故宫北院，构建南沙河滨水绿廊和海淀北部绿心的重要休闲游憩节点。规划以京西稻文化为核心，发展农耕观光和休闲游憩产业，提升环境品质和生活水平。设计预留与翠湖南路、上庄路和南沙河的绿廊的交通廊道和出入口。

地块周边京西稻稻田、稻香小镇、农庄环绕，稻田弥望，平林蓊郁，远山起伏，宛若一幅天然的田园画卷。十月初次踏勘现场，恰逢稻米成熟，稻穗金黄饱满，清风徐来，黄云翻滚，稻香沁人心脾。京西稻俗称"御稻米""京西贡米"，原指玉泉山和颐和园周边，由康熙、乾隆亲自引种选育、推广种植，并用玉泉山泉灌溉，专供皇室食用的稻米，距今已有 300 多年历史，现已列入海淀区文化遗产项目，成为海淀的特色名片。每年春季油菜花开、秋季稻黄收割时，大量北京市民到此游玩打卡、参与农事、购买京西稻农产品、体验田园生活。届时，陇上畦间游人众多，路旁林下临时停车，但缺少停留休息、游憩科普场地和设施，林地未被充分利用。

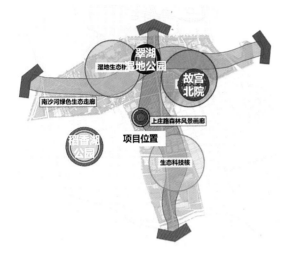

图 1　总平面图

图 2　区位图

图 3　南沙河滨水绿廊和海淀北部绿心的
　　　重要休闲游憩节点

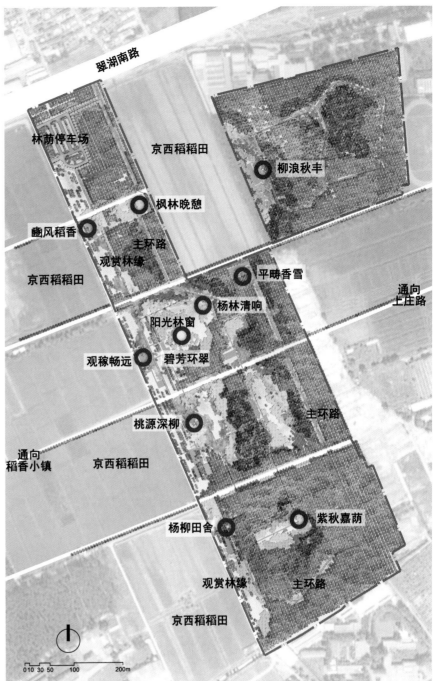

地块内以速生杨和旱柳为主，远观高大茂盛，郁郁葱葱，但内部多数植株已出现衰退、枯死现象。地块原为农田稻地，2000年退耕还林，经过近20年生长，现状存在林相单一、株行距过密、土壤板结等问题，林地呈亚健康状态。

业主希望保留高大茂盛的林地风貌，延续海淀北部云林水态的景观印象，作为京西稻田游览的补充，在林间增加休闲游憩设施，打造突出京西稻文化、体现海淀田园乡村特色的游憩风景林。

二、方案设计

1. 规划目标

构建多样性丰富、生态系统稳定的健康森林，以京西稻历史文化为主题，突出乡村景观特色，营造休闲游憩、科普体验、健身活动的风景林地。

2. 改造策略

通过枯死树伐除、疏伐间伐、开辟林窗、生物互生、增加群落层次、丰富植物种类、补充功能等低干扰的更新抚育手段，促进现状亚健康林地演替。

3. 总体布局

保留高树茂林风貌，结合现场调研和航拍影像，针对枯死树

进行砍伐，形成林窗和疏林草地。面向稻田布置观景平台和廊架，进行观稻、休闲、科普活动；林间布置木平台、栈道、环路、停车场等，开展游憩、野餐、露营等活动，体验京西稻文化的同时提高森林多样性和观赏性。

4. 道路交通系统

延续阡陌纵横的稻田肌理，增加木栈道和平台，结合林间空地增加主环路和停车场。

5. 植物景观

结合林地更新和景观界面，分为观赏林缘、阳光林窗和生态林地三个植物景观分区。

观赏林缘：保留茂盛旱柳，补植晚樱、元宝枫、椴树等，群落层次自然衔接，突出4月插秧时的春季开花景观和10月收割时的秋季色叶景观。

阳光林窗：结合规模较大的林窗，补植油松、白蜡、楸树、山桃、山杏、金银木、天目琼花等，提高生物多样性，提升季节观赏性。

生态林地：林下补植百脉根、小冠花、紫花地丁、白三叶等混播耐阴地被，兼顾美观和生态性。树种选择遵循乡土、长寿、抗逆、食源、景观的原则，构建复层、异龄、混交、多样性的近自然、游憩风景林。

6. 游憩设施

结合观景平台，设计3座茅草廊架、10处景点说明牌和6处科普解说牌，为游人提供遮阳避雨场所，增加居民对地方文化的认知了解，提升对自然生态的科学素养。配套标识标牌、座椅、垃圾桶等服务设施。

海绵设施：顺应平坦地势设计四道横向植草沟，发挥收集、下渗和排涝功能。

图 4 现状乔木衰退枯死

图 5 现状速生林过密

—

图 6 稻田弥望，平林蓊郁 图 7 耐阴地被

图 8 观赏林缘

补植元宝枫

补植晚樱

晨光芒

保留旱柳

马蔺

狼尾草

三、乡村游憩风景林设计探索

1. 丰富林地功能，构建城市森林网络系统

坚持"创新、协调、绿色、开放、共享"五大发展理念，遵循生态科学规律，因地制宜，更新抚育，构建绿色生态、文化传承、开放共享的城市森林。强化山水格局，梳理河湖水系和林田草地的结构骨架，构建山水林田湖草有机交织的城市森林网络系统。依据"斑块—基质—廊道"的生态理论，抓准生态定位，造园、营林、纳田，营造生物多样性、生态系统稳定的城市森林。

图 9　儿童在木栈道嬉戏
图 10　杨柳田舍

图 11　林间栈道
图 12　林地更新

2. 带动休闲游憩产业发展，提升居民生活品质

遵循上位规划要求，突出地方自然生态、历史人文、乡村景观特色，结合产业需求，推动地方休闲游憩产业发展，完善北京郊野公园环。改善北京城区和郊区公园绿地不均衡的现象，注重环境宜居和历史文脉延续，提升居民的生活品质和幸福感。

3. 突出地域文化，彰显乡村景观特色

以本项目为例，通过研究中国水稻和京西稻的发展历史和衍生文化，设计视野开阔的观稻平台，结合诗歌图画引导游人对文脉的探索和自然的热爱。面向稻田一侧，芒草、狼尾草、马蔺等观赏草条块状种植，模拟稻田肌理；茅草的廊架和标识标牌，林间穿行的木平台和木栈道，营造出质朴自然的水村民居图景。

4. 精细化设计

运用航拍和 GIS 技术，精确定位林窗范围和保留乔木位置，支撑景观细节的设计推敲和林地的保护提升。结合保留大树和林缘边界，设计观景平台、预留视线通廊、控制补植群落层次，保证施工落实和建成效果。

图 13　观赏草营造稻田肌理　　图 14　草地休憩
图 15　林下休闲　　　　　　图 16　日常散步

图 17　亲子活动

四、结语

历时两年的时间，项目已经落地建成，由从前衰退隐蔽的速生林、斑驳光秃的林下空间，变成现在亭廊佳构、观稼畅远、春花秋叶、四时不同、大树草地、悠游嘉和的游憩风景林。新增道路场地、游憩设施协调融入林地环境，观稻平台和茅草廊架引人停留驻足、眺望田园、体味乡愁，疏伐的林窗和疏林草地阳光散落，补植的地被和林缘为林地带来了丰富的色彩。

不论平日或周末，周边居民或散步健身，或亲子游玩，或草地露营，或晒太阳遛狗，或摄影小憩，活动内容多种多样。速生林地改造全面提升了生态系统、景观品质、游憩功能，突出乡村景观特色，增强京西稻文化体验，营造了富有诗意的稻香田园风景。

椰影浪漫达天涯
——三亚市榆亚路景观提升工程

COCOROMANTIC
Sanya Yuya Road Landscape Enhancement Project

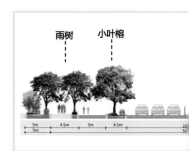

红沙片区段（气象局

项目区位：**海南省三亚市**

项目规模：**49 公顷**

起止时间：**2015 年 5 月~ 2017 年 5 月**

业主单位：**三亚市园林环卫管理局**

项目类型：**道路景观**

一、项目缘起

2015 年三亚市被住房和城乡建设部列为"城市双修""海绵城市"建设的试点城市，榆亚路作为三亚市中心城区的主干道，自西向东连接鹿回头、大东海，穿越红沙片区至吉阳镇接亚龙湾，地理位置优越，可谓是串联东部旅游资源的重要旅游通道，是展示东部沿海景观的风景画廊，是沟通城市山水环境的滨海绿廊。因此，三亚市政府把榆亚路的景观提升纳入当年工作重点，期待实现"补绿添彩，贯通绿脉"，修复城市道路生态廊道，也期待实现"路在景中，景在城中"，展现浪漫三亚的新风貌。

二、方案概况

1. 场地现状

项目组于 2015 年 5 月底组织专业技术人员 6 人，对长达 10.4 公里的设计路段进行现场调研工作，收集现状绿化情况，记录现存植被的品种、数量、位置、长势、品相；摸排道路外侧近期可实施绿地的地形、水文、植被等可利用的景观资源。

调研发现榆亚路存在树木长势及树龄不一，外观不整齐；灌木种类不丰富，草本植物应用少，开花植物用量少；中下层植物种植形式繁多，无整体感；路侧绿化空间小，绿量不够，绿地游憩功能不完善；道路的市政排水工程与绿化工程脱节，未进行适当的生态雨洪管理等问题。

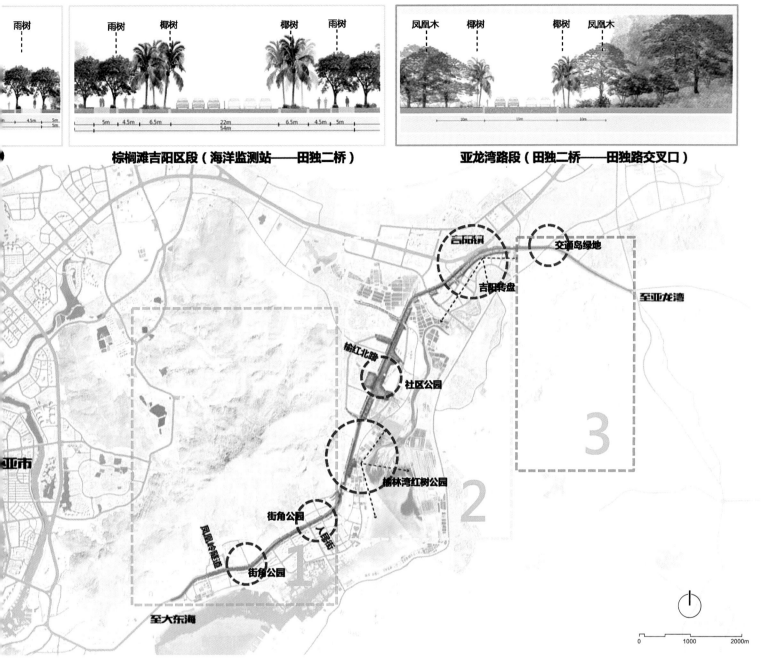

棕榈滩吉阳区段（海洋监测站——田独二桥）　　　　**亚龙湾路段（田独二桥——田独路交叉口）**

图 1　总体布局图

2. 设计理念

榆亚路东连山西通海，穿越三亚市多个大型居住组团，同时它作为三亚最早的城市干道之一保留了大量大榕树、椰树，在三亚众多道路中也具有很高的辨识度，因此把它打造成为一条"椰影榕荫，花果溢香"的亲切、浪漫、自然的城市景观路，可为游客和市民提供良好的通行环境。

3. 布局结构

依据沿线用地及道路的绿化现状，采用"链状"景观结构，全线划分成"3 大段 + 若干特色节点"。

红沙片区段，依托现有长势良好的榕树，补植完善形成榕荫如盖的城市道路；整理林下地被层，结合榕树的补植移栽，设置雨水收集设施；结合道路两侧古树和街角绿地，增加活动场地和设施。

棕榈滩段，以棕榈类的椰树成片种植，凸显热带特色；外侧绿带内种植多种果树，形成果香四溢景色；结合居民使用，灌木选择有芳香气味的种类。

亚龙湾段，沿道路两侧种植多行椰树，强调道路空间；自然式片状种植观花乔木，增加色彩；外侧片植大乔木，与山林景色相融合。

榆林湾红树公园、棕榈滩街区公园、吉阳中心绿化岛、街头公园等都按照三亚市绿地系统规划由榆亚路串联，各具特色。

图 2 "榕荫"效果
图 3 "椰影"效果 1

图 4 "补绿添彩"
图 5 "花果溢香"

三、技术总结

本次以榆亚路的方案及施工设计为例，从道路特色性展现、人性化需求满足、生态化道路构建三方面阐述现有城市道路景观提升、生态修补的具体措施。

1. 特色性

（1）强化地域植物种植

热带乡土植物的大量应用。两侧分车绿带大量应用榕树和椰树，展现热带风情。路侧绿化带，上层大量片植花色鲜艳、花色花型特异的乡土大乔木如火焰木、凤凰木、木棉；中下层模拟热带雨林的自然式复层群落结构，应用丰富灌木、地被植物如鸡蛋花、大叶紫薇、黄槐、旅人蕉、龙血树、蜘蛛兰、绿萝等。

开花植物的综合应用。依据人眼对色彩的感知力，两侧分车绿带集中片植开花繁密的地被植物，形成大面积具有视觉冲击力的色带；路侧绿化带片栽花卉时把冷色系蓝紫色植物作近景，暖色系黄红色植物作远景，增加色彩丰富度，同时遵循植物的花期规律，重要路口成团种植冬春旅游旺季开花植物如大腹木棉、银鳞风铃木等，基础绿化增加黄槐、金凤花、扶桑等花期半年以上植物的用量，确保四季有花。

（2）融入周边山水环境

利用道路线型及视线关系。在城区平直的棕榈滩开阔段，分车绿带种植高大的椰树和低矮地被福建茶、翠芦莉等，保证视线通透，局部可远望榆林河；在穿越白石岭的蜿蜒郁闭段，结合路幅变窄和道路转弯，路侧小游园临路侧上层种植2～3排椰子树，中下层以自然丛状生长的大红花、红绒球、黄槐等引导视线，靠山侧以火焰木、凤凰木等乡土大乔木作为上层搭建骨架，展现以垂直复层植物群落为主的热带山地植被景观。

发掘周边优质环境资源。红沙片区段的榆林河畔原来荒草丛生、大片的红树林因周边房地产开发遭到严重破坏，本次设计按照城市绿地系统规划，将其打造为以休闲游憩为主，兼顾红树林科普保护的综合性城市公园；亚龙湾段的白石岭因道路施工遗留大片的秃裸地，施工时依据土质、坡度和高差条件，选择三角梅、粉花夹竹桃、扶桑花、软枝黄蝉并结合一定的工程措施，促进山体的生态修复进程。

2. 人性化

（1）营造舒适空间

注重人的感受尺度。榆亚路为双向6车道且无中间分车绿带，街道空旷单调。红沙片区段两侧分车绿带上层保留现状大冠幅的小叶榕，增加车行道的林荫覆盖度；棕榈滩段两侧分车绿带种植双排高大椰子树，人行道种植高大的雨树，降低道路绿色空间的D/H比，保证人行林荫。

（2）注重景观细节

优化设施使用体验。三亚常年高温，晴雨无常，道路景观的遮阴避雨功能至关重要。人行道绿带作为道路的天然遮阳伞，种植冠大荫浓的雨树、凤凰木，保障人行道和非机动车道慢行交通系统的舒适性。路侧小游园中坐凳选材以木材为主，尽量减少热传导性较好的材料如金属、花岗岩的用量；活动广场内增设树池，广场边缘、坐凳上方种植高大的庭荫树如雨树、非洲楝、小叶榄仁保证遮阴；廊架或亭子顶面采用封闭式以遮阳挡雨，芳香攀缘植物使君子的搭配，既实现了立体绿化增加了绿量，又提升了廊架、亭子的观赏性和使用舒适度。

满足人的心理需求。吉阳镇依山傍田，果香稻灿，自然环境优越，是三亚市的原住民主要聚集地，现有的路侧小游园是一些传统的室外休闲活动如树下乘凉、喝茶、聊天的重要场所，因此绿带以芒果、杨桃、荔枝等热带果树为特色，追溯老海南人的浅丘果林记忆，同时适当种植鸡蛋花、米仔兰、大花鸳鸯茉莉、大花栀子、九里香等香花植物，丰富味觉体验。

图 6　行道树绿带浓荫香花　　图 7　路侧小游园的遮阴廊架

图 8　热带特色植物集中种植　　图 9　绿带特色坐凳

图 10　路侧绿带的小型运动场　　图 11　乡土植物科普

棕 桐 滩

海绵设施

带状绿地

海绵设施

3. 生态性

（1）谨慎对待新老植被

原有植被合理移留。现状植被未采取皆伐或皆留，而是根据生长状况、景观价值和所处路段的景观定位进行梳理。红沙片区段现状小叶榕的平均胸径在50厘米以上，分布路段长达2公里，居民已经形成了相对稳定的榕荫街道印象，采取优质健壮苗原址保留、中等苗就近移栽、劣质苗移除的措施。分车绿带上原来的三角梅球，因修剪不及时、水肥管理不到位等原因，长势杂乱，则全部移除。棕榈滩段先将原有长势衰退、树龄过小的椰树移除，杆高3米以上的椰树保留，再栽植新的椰子树，双排椰树种植节奏，与新植椰树形成外貌一致的道路绿化景观；两侧分车绿带中的现状散尾葵、蒲葵、美丽针葵、酒瓶椰子、狐尾椰等棕榈植物移栽至两侧带状绿地。

新植植物科学管养。得益于三亚独特的气候条件，当地植物生长速度较快，大多数灌木、地被能够在2～3个月内完全复壮，因此可依据种植位置的不同选取合适的栽植密度。例如道路分车带内的硬枝黄蝉可按照常规栽植密度以保证快速覆绿，在路侧绿带则适当拉大间距，通过时间的推移和植物自身的力量达到自然的状态。对于三亚的市花三角梅也有不同的养护措施，例如分车带内的三角梅主要是篱状密植，每月修剪，路侧绿带的三角梅则主要采取自然式带状或丛状栽植，半年修剪。

（2）积极尝试雨洪管理

海绵方案系统化。方案设计阶段，依据三亚的降水量及区域的雨洪管理指标，测算道路绿地的雨水收集利用率，设计多样的海绵设施：人行道采用透水铺装，树池采用联通式下凹生态树池；封闭非机动车道雨水箅子两侧分车带路缘石开豁口汇集非机动车道雨水，内设植草沟，种植喜湿耐旱的草本植物；人行道和非机动车道的汇水最后进入道路外侧绿地中的下凹绿地或雨水花园，经过一定的蓄积沉降后外排。

落地施工因地制宜。由于征地和交通工程建设等问题，在道路红线内系统化的海绵化改造较难实现。因此，海绵方案设计采取选择性施工的方式。道路红线内全线的人行道铺装更换成透水铺装，联通原有单个树池，形成下凹植被带，增加每株行道树所占的绿化面积，改善树木的生长环境，收集人行道地表径流；道路外侧选择了1.5公顷的绿地，作为海绵工程建设试点，结合微地形塑造，布置了植草沟、下凹绿地、雨水花园、海绵模块等海绵工程设施。

图12 "椰影"效果2

图13 路侧雨水花园

图14 行道树绿带联通树池形成下凹绿地

图15 分车绿带路缘石开豁口收集雨水

图16 路侧分车带植草沟

四、结语

　　道路是城市这个复杂有机体的重要联通脉络，人们通过它去融入城市、感受城市；道路景观作为城市自然生态环境的延伸，是城市风景的重要部分；道路景观提升是提升城市环境品质的重要手段，应该在凸显城市特色、创造良好绿化环境、提供舒适通行体验、加强人与自然沟通等方面发力，打造安全、特色、人性、生态共融的城市道路景观。

图 17　红树林保护带

图 18　复层道路分车带

附录　项目主要参加人员

序号	项目名称	主要参加人员
1	城未建，景先行 ——重庆中央公园规划设计	李晓江、朱子瑜、贾建中、唐进群、韩炳越、毛海虓、梁铮、马浩然、牛铜钢、蒋莹、吴雯、郝硕、黄明金、姜岩、郭榕榕、魏巍、刘华、陈萍、钟远岳、柴宏喜、陈郊、刘英
2	千年苑囿的时代复兴 ——南苑森林湿地公园规划设计	韩炳越、刘华、辛泊雨、郝硕、王坤、牛铜钢、舒斌龙、刘媛、安柄宇、赵茜、刘玲、施菁菁、高倩倩、刘孟涵、徐丹丹、谭敏洁、刘睿锐、赵恺、李盼盼、史健、牛春萍、李爽、李蔷强、王资清
3	"灰色"地带的重生 ——城市绿心森林公园玉带河东支沟片区景观设计	韩炳越、马浩然、辛泊雨、牛铜钢、王新、盖若玫、舒斌龙、刘睿锐、赵恺、程梦倩、赵娜、徐丹丹、邓力文、刘孟涵、张悦、李盼盼、牛春萍、谭敏洁
4	蓝绿景观创造幸福空间 ——北川新县城绿化景观带设计	李晓江、邵益生、杨保军、朱子瑜、戴月、杨明松、贾建中、束晨阳、韩炳越、牛铜钢、马浩然、蒋莹、程鹏 合作单位： 北京北林地景园林规划设计院有限责任公司 中国风景园林中心
5	"坐与潮汐争咽喉" ——三亚市两河及丰兴隆生态公园	王忠杰、马浩然、舒斌龙、牛铜钢、齐莎莎、高倩倩、王坤、周瑾、郭榕榕、鲁丽萍
6	寓情于景 ——贵安新区月亮湖公园规划设计	韩炳越、贾建中、王坤、施菁菁、刘睿锐、李蔷强、刘华、辛泊雨、王全、郝硕、郭榕榕、吴雯、牛铜钢、张悦、齐莎莎、舒斌龙、高倩倩、赵娜、徐丹丹、蒋莹、朱立波、王心怡、赵暄、鲁莉萍、刘樱、梁长征、唐川东、吴松
7	嘉陵盛景叙巴渝 ——重庆山城公园规划设计	韩炳越、王忠杰、唐进群、郝硕、舒斌龙、牛铜钢、高倩倩、徐丹丹、吴雯、郭榕榕、施那君、王心怡、李强蔷、黄明金、鲁莉萍、周瑾、张璐、刘静波、郑洁、熊俊、张敏、易青松、唐川东
8	丝路回城 ——固原城墙遗址公园规划设计	韩炳越、吴雯、王坤、刘睿锐、李蔷强、张亚楠、牛铜钢、舒斌龙、刘孟涵、徐丹丹、蒋莹、齐莎莎、鲁莉萍、马令令、张超
9	"上天赐予的半成品"的蝶变 ——宿迁市三台山森林公园设计	韩炳越、白杨、束晨阳、贾建中、刘华、蒋莹、牛铜钢、张亚楠、高倩倩、齐莎莎、丁戎、魏巍、刘圣维、程梦倩、林旻、王坤、李墙强
10	山花烂漫芳菲落 ——芳菲园公园设计	韩炳越、吴雯、郝硕、赵恺、施菁菁、赵娜、牛铜钢、张悦、耿福瑶、张亚楠、鲁莉萍
11	聆听场所的声音 ——北京市石景山区苹果园地铁站周边环境整治工程	马浩然、舒斌龙、牛铜钢、齐莎莎、徐丹丹、周瑾
12	天地之间 ——北京崇雍大街街道景观提升设计	王忠杰、韩炳越、马浩然、盖若玫、谭敏洁、许卫国、赵恺、程梦倩、宋欣、李盼盼、牛春萍
13	老城文化场所的复兴 ——海口三角池片区景观环境整治更新	王忠杰、马浩然、舒斌龙、盖若玫、牛铜钢、束晨阳、吴雯、辛泊雨、赵恺、徐丹丹、张悦、郝钰

序号	项目名称	主要参加人员
14	街道环境让城市生活更美好 ——三亚解放路环境整治更新项目	马浩然、牛铜钢、赵晅、周勇、康琳、吴晔、王冶、郑进、何晓君、王丹江、秦斌、李慧宁、莫晶晶、张迪、阚晓丹、徐亚楠、孙书同、万操、戴鹭、梁铮、刘缨、冯凯、房亮、杜恒、李晗
15	大河新生 ——记滹沱河生态修复工程	韩炳越、刘华、郭榕榕、牛铜钢、李沛、范红玲、赵娜、赵桠菁、祝启白、牛春萍、李盼盼、鲁莉萍、蒋莹、高倩倩、辛泊雨 合作单位： 河北省水利水电第二勘测设计研究院 石家庄城乡规划设计院 河北省水利水电勘测设计研究院 石家庄市水利设计院
16	家门口的"大森林" ——中关村（森林）公园规划设计	韩炳越、吴雯、牛铜钢、马浩然、刘华、郭榕榕、郝硕、舒斌龙、高倩倩、赵娜、蒋莹
17	为北京城市副中心种下一百万棵树 ——潮白河森林生态景观带建设工程	韩炳越、辛泊雨、刘华、邓力文、刘睿锐、王剑、舒斌龙、刘孟涵、高倩倩、徐丹丹、程梦倩、赵娜、郗若君、王美琳、张婧、刘媛、王冬楠、徐一丁、李盼盼、牛春萍、谭敏洁、盖若玫、王新、刘安然、王资清、徐向希
18	绘田园稻香翠景 ——2018年海淀区上庄地区速生林地改造工程——稻香云林地块	韩炳越、吴雯、郝硕、张超、赵恺、高倩倩、张悦、牛铜钢、赵茜、王坤、耿福瑶、李强蔷、鲁莉萍、周瑾、崔立桐
19	椰影浪漫达天涯 ——三亚市榆亚路景观提升工程	王忠杰、束晨阳、牛铜钢、高倩倩、赵娜、徐丹丹、王坤、黄明金、鲁莉萍

后记

　　这部作品汇集了中国城市规划设计研究院近 10 余年来，在风景园林设计领域的主要代表性作品，每一部作品都是项目团队呕心沥血，不断努力的结果。不论项目大小，所在何方，中规院的每一位设计师都始终怀着极强的责任心，以真诚敬业、心系社会、活力进取的工作态度履行着对委托方、对行业、对社会的忠诚职责。

　　感谢中规院的各级领导和每一位同仁，作为项目团队的坚强后盾，他们在项目不同阶段都给予了巨大的技术指导和专业支持，帮助我们开拓视野和启发思路。

　　感谢我们的每一位项目委托方，正是由于他们的支持，我们才会有设计及建设这些项目的机会。在项目过程中也和很多委托单位的同事结下了深厚的友谊，并持续进行着非常良好的合作。

　　在本书的编写过程中，中规院风景院的多位同事都倾注了大量的心血，舒斌龙、郭榕榕、王坤、郝硕、王剑、高倩倩、邓力文、齐莎莎、刘睿锐、王乐君、李沛、赵晅、王新等协助完成了主要的文字编写工作，徐阳协助完成图片整理及出版整合等工作。

　　感谢本书主要图片的摄影师张振光老师的辛苦拍摄，感谢本书中其他图片的摄影师及提供者，由于种种原因，截至本书出版前如未能与之一一对应的，我们也承诺必将与之继续联系，并付之相应版酬。

　　感谢中国建筑工业出版社，特别感谢各位编辑的辛劳工作。

　　感谢帮助和关心我们的所有朋友，感谢大家。

2021 年 1 月 24 日